Ultra Translated Sunzi!

図解 超訳

孫子の兵法

許成準

彩図社

はじめに

『孫子の兵法』は〝中国人の聖書〟と呼ばれている。この兵法書は中国最高の兵法書であると同時に、**最高のビジネス書**の地位も得ているのだ。

『孫子の兵法（以下『孫子』）』は中国だけではなく、日本はもちろん、世界中に影響を与えている。マイクロソフト創業者の**ビル・ゲイツは、自分の経営の原理が『孫子』にある**と言っている。ヒューレット・パッカードの会長だったカーリー・フィオリーナも就任式で『孫子』を引用したことがある。

『孫子』は日本の経営者にも絶大な影響を与え、ビジネス誌で「経営者おすすめの本」のアンケートをとると、常に上位を占める。NEC元会長の関本忠弘、住友生命保険の上山保彦元会長、アサヒビール元副社長の中條高徳など、高名な経営者たちが『孫子』を活用したと公言してはばからない。

IT業界の巨人・孫正義も「自らの経営原則は『孫子』にある」と公言するほど、孫子マニアとして有名である。積水グループに至っては、社名自体が「形篇」からの引用である。

『孫子』は中国人のみならず〝**経営者の聖書**〟であるのだ。

『孫子』は中国最古の兵法書で、書かれた時期は2500年を超える昔、紀元前6世紀と推定されている。その頃は多くの偉大な思想家たちが乱立する時代で、儒家・道家・墨家など200に至るほどの思想が競争していた。

時は過ぎ21世紀、その中で東洋・西洋を巡る世界のビジネスパーソンたちに名声を博しているのは孫子一つだけだ。なぜか？

それは『孫子』は戦いだけではなく、人生に発生する、**ほとんど全ての問題に応用することができる**、知恵に溢れた本だからである。だから時代を越え、洋の東西を問わず人類全てに愛される最高のビジネス書になったのだ。

さて、読者諸氏は『孫子』をどれくらい知っているだろうか？

「敵を知り、己れを知れば、百戦危うからず」とか「風林火山」といった有名なくだりを知らない人はいないだろう。しかし、このような断片を知るだけでは『孫子』を知っているとは言えない。

本書は、単行本として刊行し好評を博した『超訳　孫子の兵法』を更に分かりやすくするため「図解化」したものである。『孫子』は13篇から成っているが、それぞれの訳の最後には、その原文が『孫子』のどの部分から引用されているか記した。

また、本書では古今東西の故事はもちろん、**現代のビジネスの事例**を多く使って、本文の理解を手助けする。一度読めば記憶に深く刻まれる事例もたくさんあるはずだ。

『孫子』が書かれた春秋戦国時代は、多くの国が争う混沌とした時代であった。今の世界も春秋戦国時代のような激変期であることは疑う余地がない。

日本を見ても、景気悪化、所得格差の拡大、終身雇用どころか長期雇用も減り、明日の身も定かではない時代になっている。**能力次第で生き残るか、淘汰されるか**が決まる厳しい社会なのだ。そんな今だからこそ、本書が大いに役立つことを確信している。

【図解】超訳
孫子の兵法

目次

1章 孫子に学ぶ勝利の方程式

互角の力で敵をしのぐ秘策
自らの戦力を集中させろ …… 8
100戦100勝が最善にあらず
戦わずして勝つ! …… 10
虚を固め、虚を打つ
こちらの勝ちは相手次第 …… 12
相手に万全な態勢をとらせない
敵を困らせろ …… 14
まともな勝負を仕掛けない
敵の守備を崩せ …… 16
敵味方のコンディションの変化
弱い敵を強い味方で討つ …… 18
「逃げるが勝ち」も時には有効
大勢の敵とは戦うな …… 20
戦いはエンターテインメントにあらず
勝ってから戦え …… 22
勝てば良いというものではない
敵を損なうことなく勝利せよ …… 24
死んだ人は生き返らない
費留は絶対に避けるべし …… 26

2章 必勝を約束する鉄壁の準備

目標へのロードマップ
成功のための5つの条件 …… 30
奢りが人を滅ぼす
敵を知り、己を知る …… 32
機動力を活かして優位に立て
先手を打て …… 34
考えを知らなければ対応もできない
相手の腹の内を読め …… 36

Ultra Translated Sunzi
CONTENTS

勝手に肯定的に考えるな …… 38
◆「万が一」の備えが明暗を分ける

常に最悪の事態を想定しろ …… 40
◆古代唯一の大量破壊兵器

戦いの前のチェックリスト …… 42
◆チェックするだけで勝敗が明らかになる

負ける軍の6のパターン …… 44
◆決して真似してはいけない人災の類型

長期戦は百害あって一利なし …… 46
◆仕事は早く終わらせろ

3章 ムダのない戦いの進め方

「正」と「奇」は四季の如し …… 50
◆正奇の移り変わりは尽きることがない

用兵の原則 …… 52
◆自分が何者なのか見極めよ

「迂直の計」を使いこなせ …… 54
◆発想を変えることで敵を出し抜く

疾きこと風の如く …… 56
◆風林火山には続きがあった

行軍のトレードオフ …… 58
◆こちらを立てればあちらが立たず

敵国を操る方法 …… 60
◆人を動かす3要素

勢いと節目 …… 62
◆入念な準備と実行のタイミングが成功をもたらす

将が陥りやすい5つの危機 …… 64
◆戦場では性格も命取りになる

4章 隅々まで血が通う組織運営

システムで勝負せよ …… 68
◆個人の能力には限界がある

目次

◆現代版「アメ」と「ムチ」
文と武を使い分けろ …… 70
◆知らないことには口を出すな
君主が犯しやすい3つのミス …… 72
◆中間管理職が心得るべきこと
時には命令に背くことも可 …… 74
◆組織の活力を高めるために
部下のやる気の引き出し方 …… 76
◆大軍を手足のように操る方法
部隊編成で勝利する …… 78
◆戦場でもオフィスでも、求められるものは同じ
変化に対応する力 …… 80

5章 もう1つの戦い 情報戦

◆スパイに金を惜しむな
情報が戦いの明暗を分ける …… 84
◆仁義なき情報戦
スパイの種類と使い方 …… 86
◆相手のヒントを見逃すな
敵の動きを見通す技術 …… 88
◆組織内のコミュニケーションを活発化させる
兵たちの動きを一致させよ …… 90
◆あえて与える情報を制限する
部下を仕事に集中させる方法 …… 92
◆戦争はモラル無用の化かし合い
戦の基本はトリックである …… 94

Ultra Translated Sunzi!

第1章
孫子に学ぶ勝利の方程式

孫子に学ぶ
勝利の
方程式
その1

互角の力で敵をしのぐ秘策

自らの戦力を集中させろ

超訳

戦においては、敵にははっきりした態勢をとらせて、こちらは形をなくして水のようになるべきだ。
そうすれば、こちらは敵の態勢に応じて、好きなところに自在に戦力を集中させることができ、疑心暗鬼になった敵は分散して戦わざるを得ない。
敵味方が互角だったとしても、10に分散した敵のひとつを、自在に集中させた味方で叩けば、10倍の兵力で敵と戦っているようなものだ。

【虚実篇】

◆味方は集中させ、敵は分散させる

兵法では「味方は集中させ、敵を分散させる」戦略が大切である。

それを実感するために、あなたが不良の高校生だと仮定してみよう。

あなたは日々、悪友たちと群れを成して煙草を吸ったり喧嘩したりするわけだが、ここで大切な戦略は「いつも群れを作って徘徊する」ことである。

道行く人に「何見てんだ、コラ?」と難癖をつける時も、隣町の不良共と喧嘩する時にも、**群れを作っている方が心強い**だろう。

しかし夜遅く、仲間と離れているあなたが、煙草を買おうとコンビニに入った時、大勢の仲間を引き連れた隣町のライバルに「おい、ちょっとこっちに来いよ」と言われる状況を想像してみよう。**身も凍る思いがする**だろう。

POINT

自分のリソースを一点に集中させれば「多い味方で少ない敵を討つ」という理想の戦いを挑むことができる。

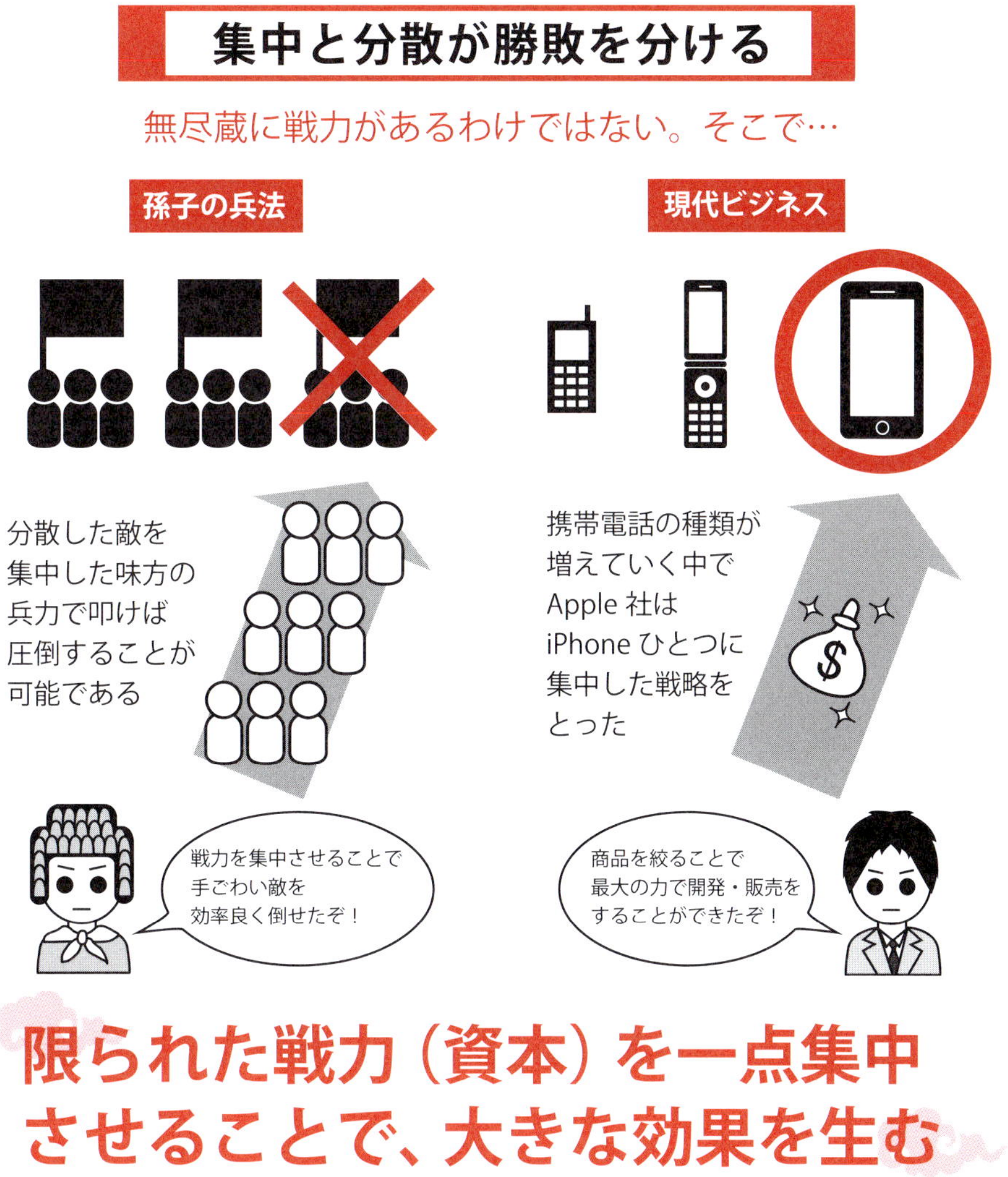

集中と分散が勝敗を分ける
無尽蔵に戦力があるわけではない。そこで…
孫子の兵法
現代ビジネス
分散した敵を集中した味方の兵力で叩けば圧倒することが可能である
携帯電話の種類が増えていく中でApple 社はiPhone ひとつに集中した戦略をとった
戦力を集中させることで手ごわい敵を効率良く倒せたぞ！
商品を絞ることで最大の力で開発・販売をすることができたぞ！
限られた戦力（資本）を一点集中させることで、大きな効果を生む

戦争でも同じことである。1905年、日露戦争最大の海戦である日本海海戦において、日本の連合艦隊はロシアからやってくるバルチック艦隊の航路をひとつに絞り、戦力を集中してこれを待ち伏せ、撃破することに成功した。

◆ジョブズの集中戦略

「一点集中戦略」が有効なのは、戦争だけではない。

現代のビジネスにおいても、人材をできるだけひとつの事業に集中させる企業の競争力と比べて、色々な事業に分散させる企業のそれは劣る場合が多い。

米アップルが販売する携帯電話はiPhoneただひとつである。反面、凋落の一途を辿っている通信機器メーカー、モトローラ社の携帯電話は種類が多過ぎて、消費者はおろか自分たちも混乱するほどである。

在庫、生産システムの管理、マーケティングなども複雑になり、経営戦略を立てるのが難しくなる。

会社を成功させるために、製品も戦略も全てをひとつのプロジェクトに集中させるアップルのような手法は、**会社の全てをシンプルにする**ことで可能となる。

孫子に学ぶ勝利の方程式 その2

100戦100勝が最善にあらず

戦わずして勝つ！

超訳

孫子が言うには、戦の方法として、
敵国を傷つけず勝つのが最善の策で、
敵国を打ち破って勝つのは次善の策である。
敵軍団を傷つけず勝つのが最善の策で、
敵の軍団を打ち破って勝つのは次善の策である。
敵旅団を傷つけず勝つのが最善の策で、
敵の旅団を打ち破って勝つのは次善の策である。
つまり、100戦100勝が
最善の中の最善ではないのである。
戦わずして相手を屈服させるのが最善の中の最善である。

【謀攻篇】

◆どんな強い者も戦えば消耗する

少年漫画『ドラゴンボール』での主人公・孫悟空とベジータ、フリーザといった強敵との対決を読んだことがある読者は、戦いが勝者にも甚大なダメージを残すことを知っているはずだ。

孫悟空は戦いには勝ったものの**「か……勝った」と言い残し、崩れ落ちてしまう。**

現代における国家間の戦争も、人間関係の軋轢も同じことである。どの争いも勝利の瞬間「やっと終わった」と思うのと同時に、とても弱った自分を発見するはずだ。もしその時に、他の敵が襲ってきたらどうする？

自然界を見ても、猿の群れのリーダーが他の群れの猿と激烈な抗争の末、勝利したのにもかかわらず、傷つき群れを追い出されることがある。追い出された猿を待っているのは、惨めな最期である。

いくら強者でも、戦いで負ったダメージ

POINT

勝っても味方がヘトヘトになってしまっては、意味がない。敵を傷つけないことで、こちらの被害を抑えられる。

100戦100勝は最善にあらず！

最善 ◎

敵も味方も傷つけず勝利！

次善 △

勝ちはしたが味方も損なわれた

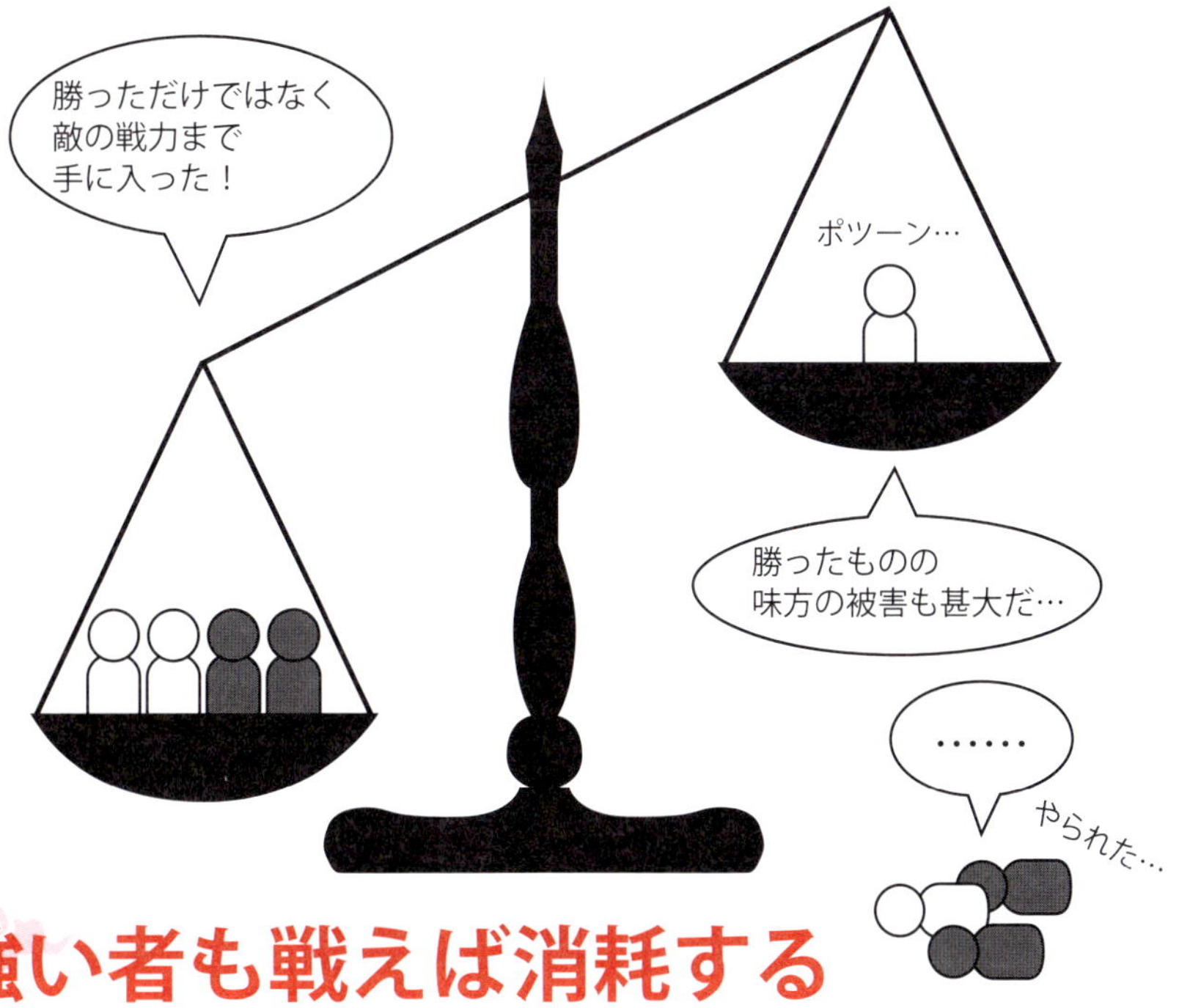
勝っただけではなく
敵の戦力まで
手に入った！
ポツーン…
勝ったものの
味方の被害も甚大だ…
……
やられた…

強い者も戦えば消耗する
“戦わずして勝つ”のが最善である

によって弱体化するのである。

こういうわけで、敵と戦って勝つのは最善の方法ではないのである。

争わずに勝てば敵の戦力まで手に入る

歴史の例で見てみよう。戦国時代といえば、大名同士が血で血を洗う戦いを繰り広げたイメージがある。しかし、時代の覇者である徳川家康のやり方は違った。彼は強固な家臣団を従えていたことで有名だが、その中には主家が滅亡したことで徳川家に仕えた者たちも多かった。

家康は今川家や武田家といった大名家を滅ぼし吸収するにあたって、その家の支配体系や序列を尊重し、待遇もなるべく変えないように努めた。こうして旧家臣団を心服させ、**そっくりそのまま徳川家の戦力としていったのである。**

本文では何度も同じ形式の文章を繰り返すことで、戦わずに相手を屈服させることの重要性を説いている。軍団と戦うことも、旅団と戦うことも、大隊と戦うことも、小隊と戦うことも——つまり、どんな規模の争いもしないに越したことはないということである。

孫子に学ぶ
勝利の
方程式
その3

虚を固め、虚を打つ

こちらの勝ちは相手次第

超訳

昔から戦が上手な人は、
敵に決して負けない態勢を作った後、
敵を打ち破ることのできるチャンスを待った。
敵が勝てない要因は、私の中にある。
私が勝てる要因も、敵の中にある。
だから、いくら戦に巧みな人でも、
敵を勝たせないことはできても、
敵に必ず勝つことはできない。
味方の態勢を整えることはできても、
敵の態勢は敵情に左右されるからである。

【形篇】

◆強いだけでは勝てない

この本文の中で重要なのは「敵が勝てない要因は、私の中にある。私が勝てる要因は、敵の中にある」という部分である。

味方の勝因が味方の中にあるのではなく、敵の中にあることに注目したい。

つまり、勝つためには自分が強ければ良いのではなく、相手の側にスキがなければいけないのだ。

武術が巧みな人に、ただ体が大きく、力が強いだけの人はいない。

敵の急所はどこなのか、敵の関節をどう攻略すればテイクダウンすることができるのか、などをよく知っている人である。

いくら拳が強い人でも、敵の強いところを打って倒すことはできない。反面、敵の急所を的確に打つことで、力に依らず相手をダウンさせることができる。

野球選手を例にとってみても、一流の打者は投手の失投を絶対に見逃さない。どん

POINT

いくら自分が強くなっても、それで勝てるとは限らない。戦いとは相手がいるものであり、敵味方双方に「虚」があるのだ。

戦いとは互いの弱点を巡る攻防である

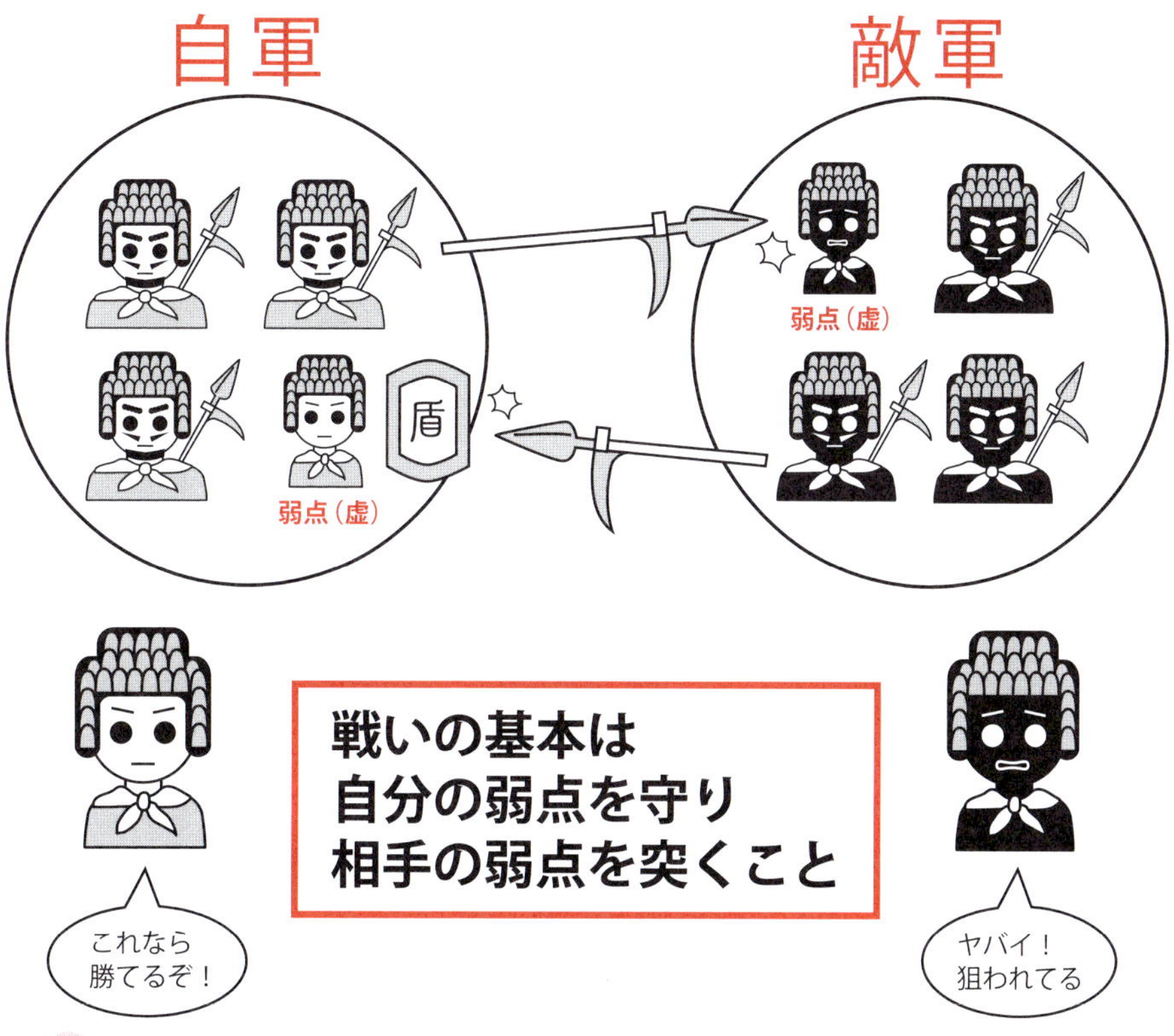
自軍
敵軍
弱点（虚）
盾
弱点（虚）
戦いの基本は
自分の弱点を守り
相手の弱点を突くこと
これなら勝てるぞ！
ヤバイ！狙われてる

ビジネスにおける交渉でも力づくで押すのではなく相手の弱点を見極めよう！

な豪腕投手でも、失投を仕留めるのは容易いからだ。

正々堂々と対峙しているかに見える彼らは、敵が「勝てない要因」を作り出すのを待っている兵法の実践者なのだ。

◆誰にでもある「虚」

自分と相手、双方に内在する、敵を勝利に導く要因を「虚」という。

武術では急所とか関節が、その「虚」にあたるのだ。柔道は、その虚を攻略するために発達してきた武術である。

今日私たちが目にしている柔道は相手を投げたり、関節を決める技術を競っているが、これは嘉納治五郎が創始した「講道館柔道」の方針に従っているに過ぎず、**昔は目や首といった人間の急所を攻撃するテクニックを教えていた。**

武術だけではない。

ビジネスにおける些細な交渉事でも、力ずくで押し通すのではなく相手の「虚」を把握することによって、好影響を期待できる。「味方の実で敵の虚を打つ」のは兵法の中でも重要な概念であり、弱者が強者を負かすことができる強力な方法だから、覚えておいて損はないだろう。

孫子に学ぶ
勝利の方程式
その４

敵を困らせろ

相手に万全な態勢をとらせない

超訳

戦が上手な将は、
敵の前軍と後軍の連絡を遮断し、
主力部隊と輸送部隊が助け合わないようにし、
将校と兵士の信頼関係を断ち、
兵を分離させて集中できないようにした。
こうして良いチャンスが来ると攻撃するが、
そうでなければ止まって機会を待ったのである。

【九地篇】

◆敵の団結を阻む

「戦争が上手な人は、敵の団結を邪魔する」というのがこのくだりのポイントである。

敵のコミュニケーションを邪魔して、敵同士が協力できないようにすることで、小勢も大勢を倒すことができる。

筆者は、ベトナム戦争に従軍した元軍人から直接話を聞いたことがある。小隊長として数々の戦闘で武功を立て、勲章までもらった人物である。

彼によると、北ベトナム軍は真っ先に通信兵を暗殺してから攻撃を始めたという。通信を途絶させれば、他の部隊が助けに来ることができないからである。

このように敵と敵との間を分断して、互いに協力することを邪魔するテクニックはどんな種類の戦いにおいても有効である。

この他にも、有能な家臣と君主の仲を裂く「離間の計」も敵を分裂させる作戦とし

POINT

コミュニケーションが断たれると、どんな組織も混乱状態に陥る。間違っても自分たちの組織に適用してはならない。

戦上手の将は自らチャンスを作る

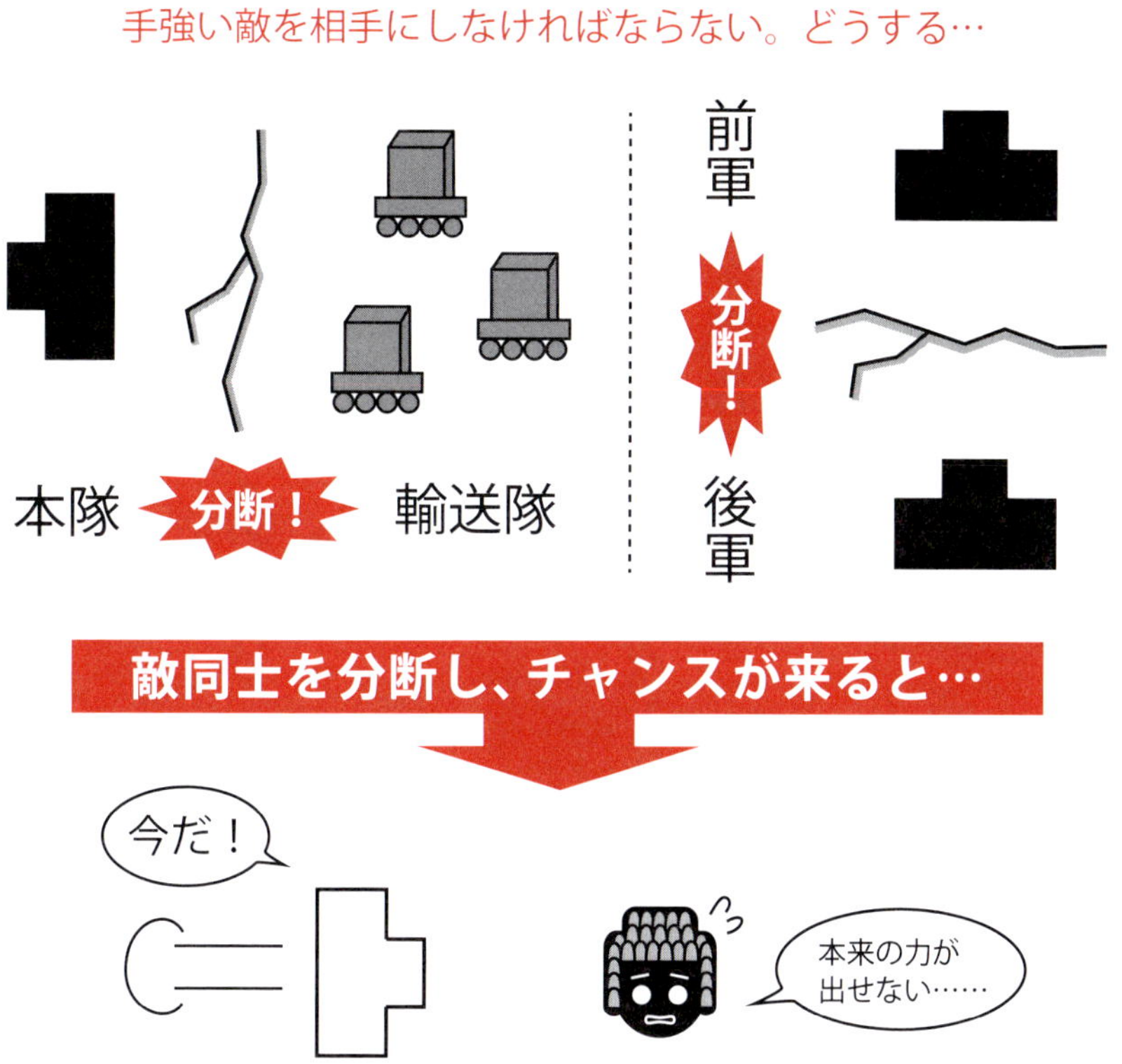
手強い敵を相手にしなければならない。どうする…
本隊
分断！
輸送隊
前軍
分断！
後軍
敵同士を分断し、チャンスが来ると…
今だ！
本来の力が
出せない……

どんな相手も団結を邪魔することで弱体化させることができる

て有名である。『三國志』の董卓と呂布、韓遂と馬超もこの計によってコミュニケーションを阻まれ滅んだ。

日本の戦国時代でも織田信長が斎藤家や朝倉家、浅井家に対して同じ計略を使っている。

◆現代の離間策

外交の事例を見ても、敵を分裂させる方法がよく使われる。

例えば、米国は中国を牽制するために、台湾に武器を売ったり、ダライ・ラマ14世をホワイトハウスに招待するなどしている。中国と、周辺勢力を離間する方法で、効果的に同国を牽制しているのである。

離間は国家間の関係に限らず、社内政治でも多く使われるから、注意しなければならない。経営者間の離間はもちろん、経営者が部下同士を離間させる場合もある。最も極端な事例は、会社が2つの派閥に分かれて互いの陣営の離間を図ることである。離間はあくまで敵に使うべき戦略なのだが、それを自分自身に使う会社がどうなるかは火を見るより明らかである。**分裂させる対象はあくまで敵で、味方が分裂するのは避けなければならない。**

孫子に学ぶ
勝利の
方程式
その5

敵の守備を崩せ

まともな勝負を仕掛けない

超訳

戦う時は、こちらがどこを攻撃するのか、
敵に予想できないようにせよ。
そうすれば、敵は守る所が多くなって戦力が分散し、
必然的に守りが薄くなる。
先方を守れば後方が手薄となり、
後方を固めれば先方の防御が薄くなる。
左を守れば右が手薄となり、
右を守れば左が手薄となるという具合である。
このように四方八方を固めようとすれば、
どこもかしこも小勢しかいなくなる。
つまりは、守備をさせる軍が強いということだ。

【虚実篇】

正体の分からない敵の恐怖

ホラー映画では、モンスターや幽霊が、いつ現れて、どう襲ってくるのかまったく予想できない。

「予想できない、正体の分からない敵の攻撃」こそ、恐怖の源である。

予想ができたら怖くもなんともない。

戦いにおいても、敵がいつ現れてどちらを攻撃するか分からない状態では、いくら強い人でもノイローゼになる。たとえ攻撃がないとしても、常に緊張を強いられるため、ひどく疲れるのだ。

敵はこちらの攻撃の可能性が少しでもあれば、備えざるを得ない。それは防御しなければならない箇所が増えるということだから、必然的に手薄な部分も生まれるというわけだ。

敵陣にそういった部分を意図的に作り出すことができるのが、名将なのである。

POINT

ただただ正面から攻めるのではなく、敵に色々な箇所からの攻撃を予想させることで、守備力を削ぐことができる。

敵が予想できない攻撃を仕掛けよ

狙いが読まれてしまえば攻められない。そこで…

予期せぬ攻撃で相手を揺さぶるべし

◆四方八方から現れるゲリラ部隊

2009年夏、アメリカ海兵隊はタリバーンを討伐するためにアフガニスタンに派兵された。

敵の激しい抵抗を予想していた米軍は、到着して驚いた。敵の攻撃が激しかったからではなく、相手がどこにも見当たらなかったからだ。

その地域はタリバーンの影響力が強い所だったが、敵が見えないということは、いつ奇襲してくるか予想できないことを意味していた。海兵隊は皆緊張し、到着して一週間もすると疲弊してしまったという。

「予想がつかない散発的な攻撃で敵をいじめ抜く」のはいわゆるゲリラ戦術における王道である。

これは少数の兵力で大軍を苦しめることができるということで、戦術の中でも、最も費用対効果が高いとされる。

「どうせ我々は、お前たちには勝てないが、その代わりにたっぷりと苦しめてやる」という精神である。ゲリラ戦だけでなく、全ての戦争で、予想できない所を攻撃するのは攻撃の定石で、勝利する戦略の必須要素であると言える。

孫子に学ぶ
勝利の
方程式
その6

敵味方のコンディションの変化

弱い敵を強い味方で討つ

超訳

兵というものは、戦闘を始めた頃の気力は鋭いが、途中になるとそれが衰え、
長く続くと疲れて帰ることばかり考えるようになる。
名将は気力が充実した敵と衝突するのは避け、
疲れて帰ることばかり考える敵を打つようにする。
これが士気で打ち勝つということである（治気）。
よくコントロールされている軍で混乱した敵を打つ。
これは心理を押さえるということである（治心）。
栄養状態が良い兵で、飢えている敵を叩く。
これは戦力を治めるということである（治力）。
よく整備され、戦力が充実した敵陣には手を出さない。
これは変化によって勝つということだ（治変）。

【軍争篇】

このくだりは「四治」と呼ばれ、強い状態の味方で、弱い状態の敵を討つ4つの方法である。

1・治気

ベトナム戦争（1960～1975）における米軍は、日中はベトナムの酷暑に苦しめられ、夜は蚊の猛攻に晒された。この戦争が失敗に終わった原因のひとつは、**米軍のコンディションが悪かった**ことである。

さらにアメリカ国内では大規模な反戦運動が起きて、それが士気の低下に一層の拍車をかけたのだ。

2・治心

いくら強い軍でも、攻撃に備えていなければすぐに崩れる。戦国時代、織田信長が一躍名を揚げた桶狭間の戦い（1560）

POINT

敵味方のコンディションの変化に敏感になることで、優位に戦いを進めることができる。時には一発逆転のチャンスも？

敵が疲れたときを狙って討つ！

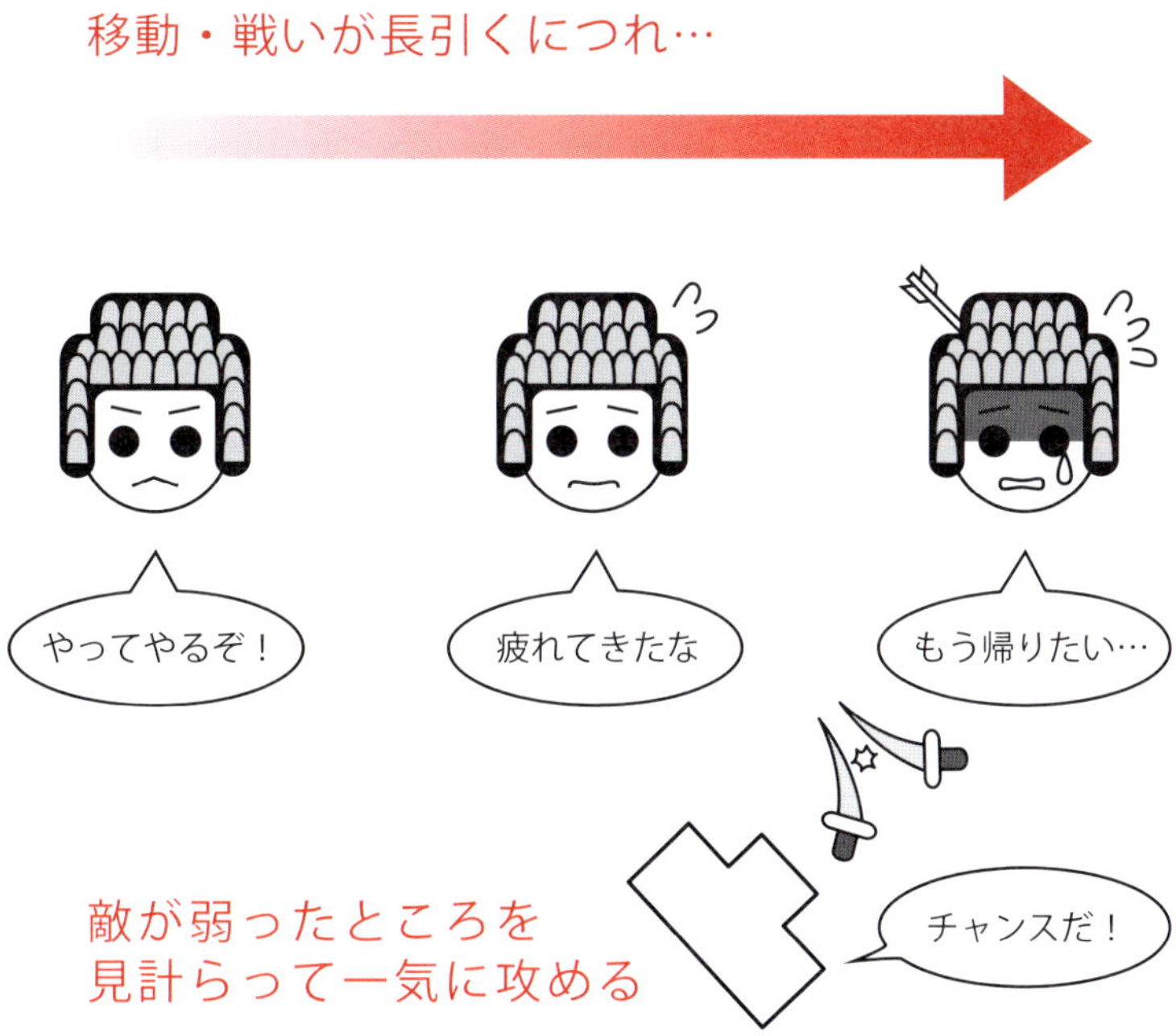
移動・戦いが長引くにつれ…
やってやるぞ！
疲れてきたな
もう帰りたい…
チャンスだ！
敵が弱ったところを
見計らって一気に攻める

歴史上、成功した奇襲はすべてこのパターン

- 赤穂浪士討ち入り
- 赤壁の戦い
- 日本海海戦
- 桶狭間の戦い

攻めるタイミングを計ることが大切

もそうだ。

大軍の今川軍は緒戦で織田軍を圧倒していたが、**圧倒した故に戦線が伸びきって大将・義元の周辺を固める兵が少なくなってしまった。**

信長をそこに目をつけ、奇襲をかけて成功したのである。

3・治力

太平洋戦争において、米軍はしばしば日本軍の伸びきった補給線を断ち、飢えさせた。ラバウル戦線の日本軍指揮官、今村均大将は**補給線が寸断される前に駐屯地に農地を作り、食糧問題を解決した。**このように軍が戦うためには、衣食住の補給が必須であり、常に気をつけるべきなのだ。

4・治変

同じ軍でも、弱い時と強い時が必ずある。『孫子』が何度も説く通り、戦いは敵が弱い状態の時に仕掛けるべきである。

戦国武将の武田信玄はほとんどの戦闘に勝利した記録が残っているが、それは**精強な敵には手を出さなかった**ことが大きい。敵の変化を勝負に活かしたということだ。

孫子に学ぶ勝利の方程式 その7

「逃げるが勝ち」も時には有効

大勢の敵とは戦うな

超訳

兵法の原則として、
味方が敵と比べて10倍ならばこれを囲み、
5倍ならば正面から挑み、
2倍ならば敵を分裂させてこれを叩く。
彼我の戦力差がなければ努力して戦い、
こちらが劣る場合はうまく逃れ、
比べようもない時は隠れなければならない。
小勢の軍が強気でいても、
大軍の捕虜になるだけのことである。

【謀攻篇】

◆戦いは「数」が全て

戦いの方法は、**当然ながら敵の戦力の多寡によって決まる。**

本文の通り、味方が敵に比べ大軍の場合は、これを取り囲み心理的に圧倒するのが定石である。

そうすれば、敵の士気を低下させ、簡単に打ち破ることができ、戦わずに降伏させることも可能になる。

この敵を囲む戦法は味方が分散するので、兵力が互角の際には不利となる。しかし、かのナポレオン・ボナパルトは市街戦に限り、兵力が敵と等しい時にも包囲戦法を使った。

平地においては、自軍と等しい数の敵を囲むのは困難だが、市街戦においては、兵たちを2つのグループに分けて道路の両側から進撃させることで、道路中央に陣取る敵兵を囲むことができる。敵は両側面から攻撃されることで、「包囲されている」と思い込み、動揺する。

POINT

「戦争は数」、これがシンプルな原則。この原則に従って、味方が多い時には戦い、少ない時には逃げて再起を期すのである。

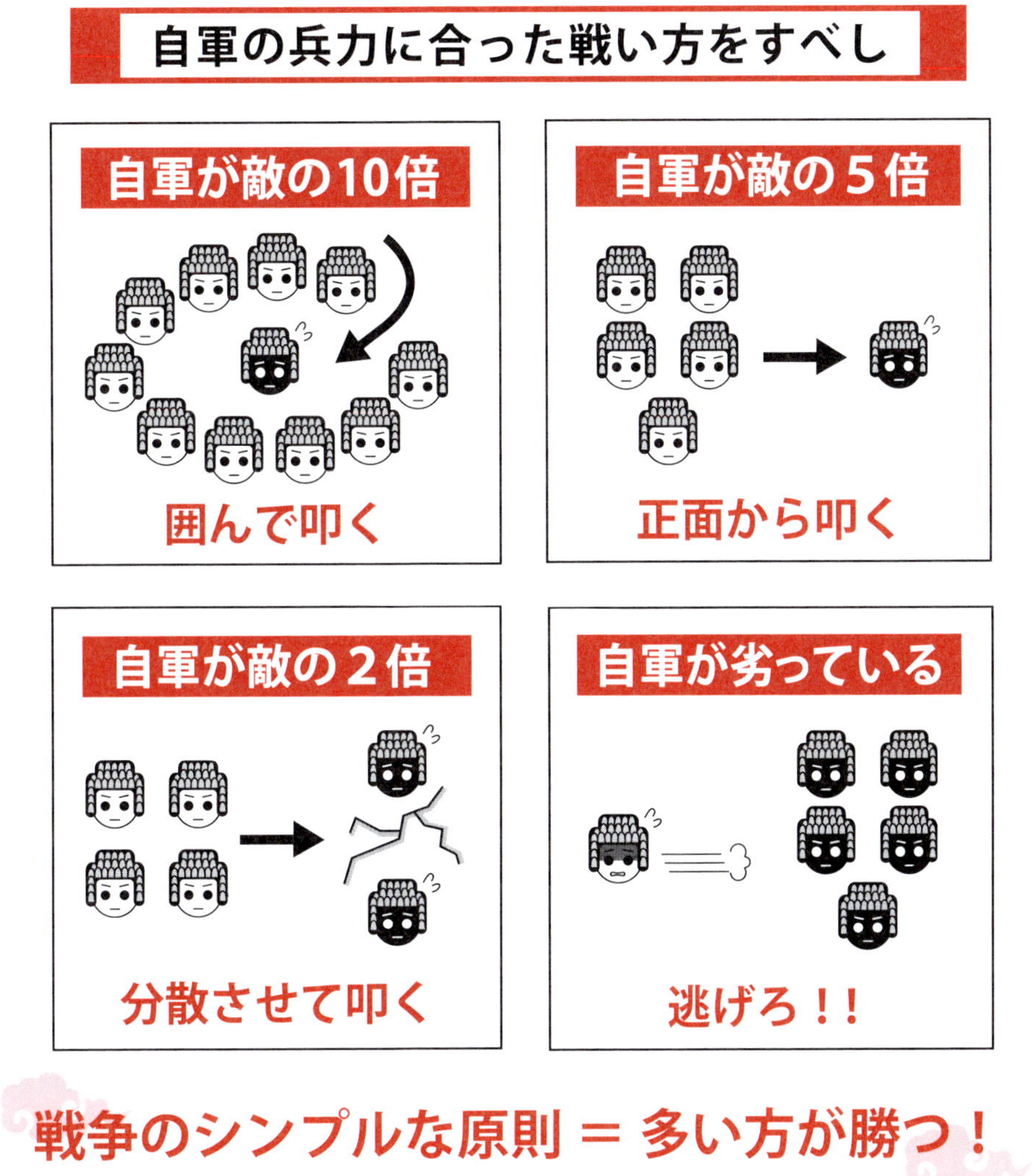
自軍の兵力に合った戦い方をすべし
自軍が敵の10倍
囲んで叩く
自軍が敵の5倍
正面から叩く
自軍が敵の2倍
分散させて叩く
自軍が劣っている
逃げろ！！
戦争のシンプルな原則＝多い方が勝つ！

つまり、**戦う方法は彼我の戦力差だけではなく、戦場の特徴によっても決まるということだ。**

◆逃げるが勝ち

戦うにあたって最も困るのは、自分より強い相手と戦う時だろう。どうすれば良いのだろうか？

答えはシンプルで、素早く逃げるのだ。「最も有効な護身術は走ること」としばしば言われるが、これは冗談ではなく、兵法の基本的な原則に基づいているのである。

「彼我の戦力差がなければ努力して戦い、こちらが劣る場合はうまく逃れる」という部分は『孫子』の中でも重要な教えであり、兵法の基本である。

「兵法三十六計」にある「走為上」――つまり「勝ち目がないならば、戦わず逃げて味方の損害を避ける」のと同じ話である。

勝ち目のない戦いを挑んでも、あっけなく敗れるだけだが、逃れることでチャンスが生まれる。

鎌倉幕府を開いて武士の世を創った源頼朝も、一度は石橋山の戦い（1180）で平家に無惨な敗戦を喫したが、戦場から必死に逃れて再起を果たしたのである。

孫子に学ぶ
勝利の
方程式
その8

戦いはエンターテインメントにあらず

勝ってから戦え

超訳

大衆と同じように勝利を見る将は、最高の将ではない。
大衆が喜ぶ派手な勝利は、最高の勝ち方ではないのだ。
鳥の羽を持ち上げたところで、力持ちとは呼ばれない。
古の名将たちは大衆には分からない、
こうした勝ちやすい機会を捉えて勝利したものである。
だから彼らの勝利は名誉とは無縁であった。
彼らは戦う前に負けている敵を、
当然のように打ち破ったに過ぎないからである。
彼らは味方を不敗の態勢にして、
敵を破る機会を逃さなかったのだ。
勝利する将は、勝利した後、戦う。
負ける将は、戦った後、勝利を求める。

【形篇】

格好良い勝利＝良い勝ち方ではない

自分の戦略が正しいかどうかを判断する良い方法がある。**「これがもし映画化されたら、面白いかな？」と考えてみることだ。**映画化して面白いストーリーになりそうな作戦なら、諦めた方がいい。

逆に、映画化しても退屈なストーリーになってしまい「これでは興行として失敗するだろう」と思ったら、戦略としては正しいということだ。

映画や漫画はあくまでもエンターテインメントだ。弱い主人公が登場し、強力な敵と命をかけて戦い、ぎりぎりの場面で逆転して勝利を収める。

観ていて痛快な構図ではあるが、このような劇的な勝利は現実には滅多に存在しない。もしそんな勝利が可能だとして、映画のように運を天に任せて戦わなければなら

POINT

観ていてドキドキ、ワクワクするような勝ち方は、本当に良い勝ち方とは言えない。観ていて白けるような勝利が望ましい。

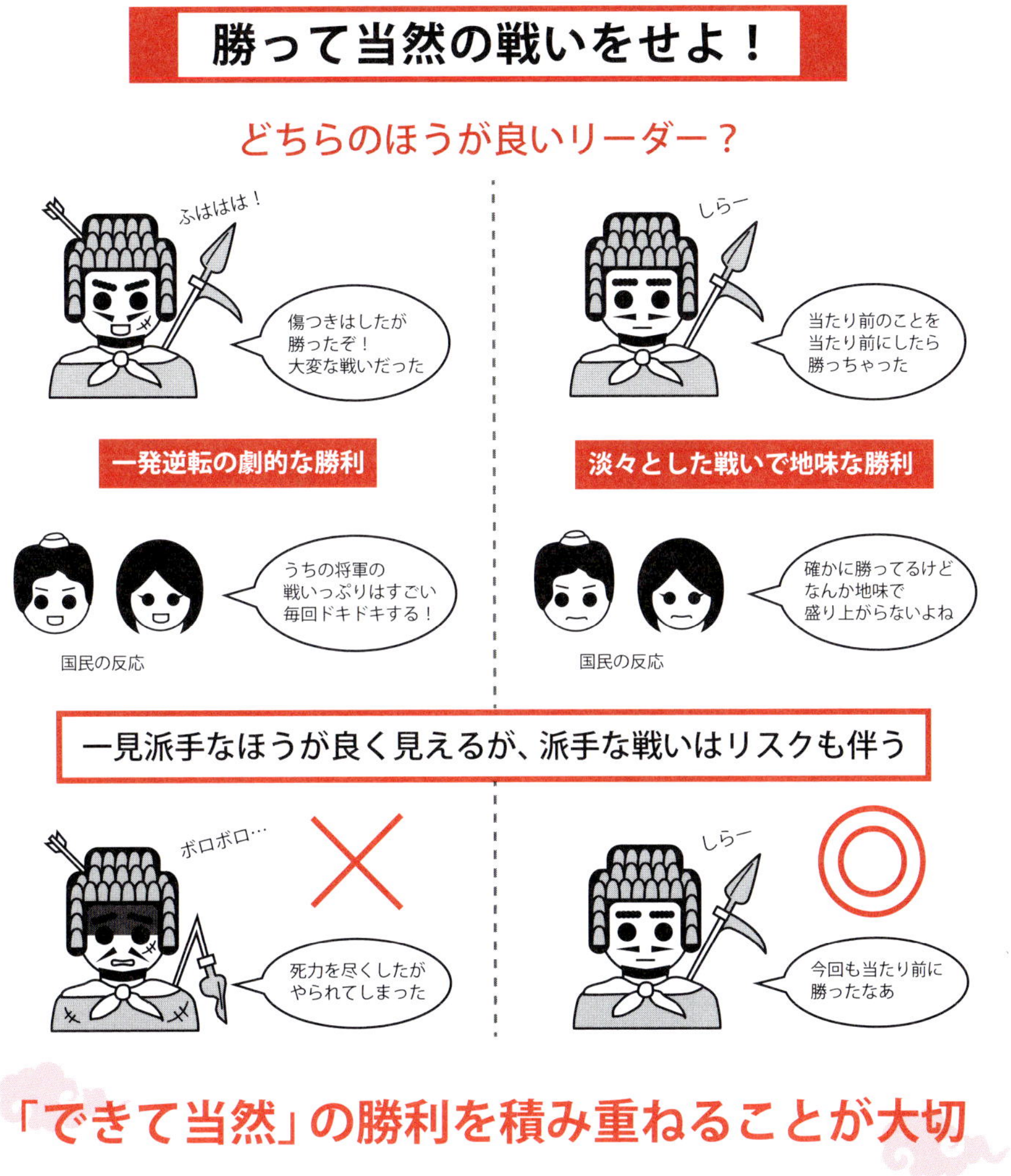

勝って当然の戦いをせよ！
どちらのほうが良いリーダー？
ふはははは！
傷つきはしたが
勝ったぞ！
大変な戦いだった
しらー
当たり前のことを
当たり前にしたら
勝っちゃった
一発逆転の劇的な勝利
淡々とした戦いで地味な勝利
うちの将軍の
戦いっぷりはすごい
毎回ドキドキする！
国民の反応
確かに勝ってるけど
なんか地味で
盛り上がらないよね
国民の反応
一見派手なほうが良く見えるが、派手な戦いはリスクも伴う
ボロボロ…
死力を尽くしたが
やられてしまった
しらー
今回も当たり前に
勝ったなあ
「できて当然」の勝利を積み重ねることが大切

ない戦略は、兵法としては失格である。

我々は格好良く、劇的に勝った人を英雄だと思うが、本当に優れた戦略家は**一見、地味に見える方法で、当然のように勝利を積み重ねる人なのだ。**

だから本文でも「彼らの勝利は名誉とは無縁であった」と言っているのだ。

◆格好の題材、カミカゼ・アタック

太平洋戦争における日本軍は、戦況が悪くなると戦闘機で敵の水上戦力に特攻作戦を行った。この通称「カミカゼ・アタック」の数は敗戦の直前の1945年4月～6月にピークに達した。

これが兵法として理に適っているのかと言えば、確かに映画の良い素材になりそうな（現実になっている）、劇的な作戦である。だから、戦略としては失格なのである。

良い勝利は、当然な勝利で、劇的な勝利ではない。それは本文の言う通り、「もう負けた敵」と戦って収めた勝利だからである。

弱い敵を相手にして勝つのが格好良く見えるはずがないが、この格好良くない勝ちこそ、最も望ましいものであるのだ。

孫子に学ぶ
勝利の方程式
その9

勝てば良いというものではない

敵を損なうことなく勝利せよ

超訳

最上の兵法は、敵の企みをあらかじめ破ることだ。その次善は、敵とその友好国との外交関係を断つこと。攻撃して破ることは、それに次ぐ。最悪の方法は、敵の城を直接攻撃することで、これは最後の手段だ。城を攻める準備には半年はかかるうえに、将が我慢できずに総攻撃ともなれば、兵の3分の1は失われる。これでは害悪でしかない。
だから戦が巧い将というのは、戦わずして敵を屈服させ、攻めずして城を獲り、長期戦を経ずして国を滅ぼす。敵の全てを残したまま、こちらの手中に収める。こうした完全な勝利を収めるのが、計略を用いて戦う「謀攻」の原則である。

【謀攻篇】

◆戦わずして勝つ

ヤクザが派手な彫り物をする理由のひとつは、戦わずして勝つためである。一般人を脅迫する時、刺青を見せれば、よほど豪毅な者でない限り戦わずに屈服させることができる。

孫子は、そのように戦わずして勝つことを勧めている。どんなに強い人でも、戦って相手を負かそうとすれば、**いつかは自分も怪我をする**危険があるからだ。

戦わずに勝つのは味方の被害を出さずに完全な勝利を収める、最善の方法なのだ。

これは戦争に限らず、仕事も同様である。毎日残業して家族と健康、人生を犠牲にする人がいる反面、同じ仕事をしても、もっと効率的に終わらせてしまう人がいるのだ。

古今東西を問わず、名将と呼ばれる将も、いたずらに敵国と戦って血を流すのではなく、和平の使者を送ったり、敵を仲違いさせるなどして、**攻めることなく国を落と**

POINT

真面目に働けば良いというものではない。常に効率を追求することで、自分の犠牲を減らして成果をあげることができる。

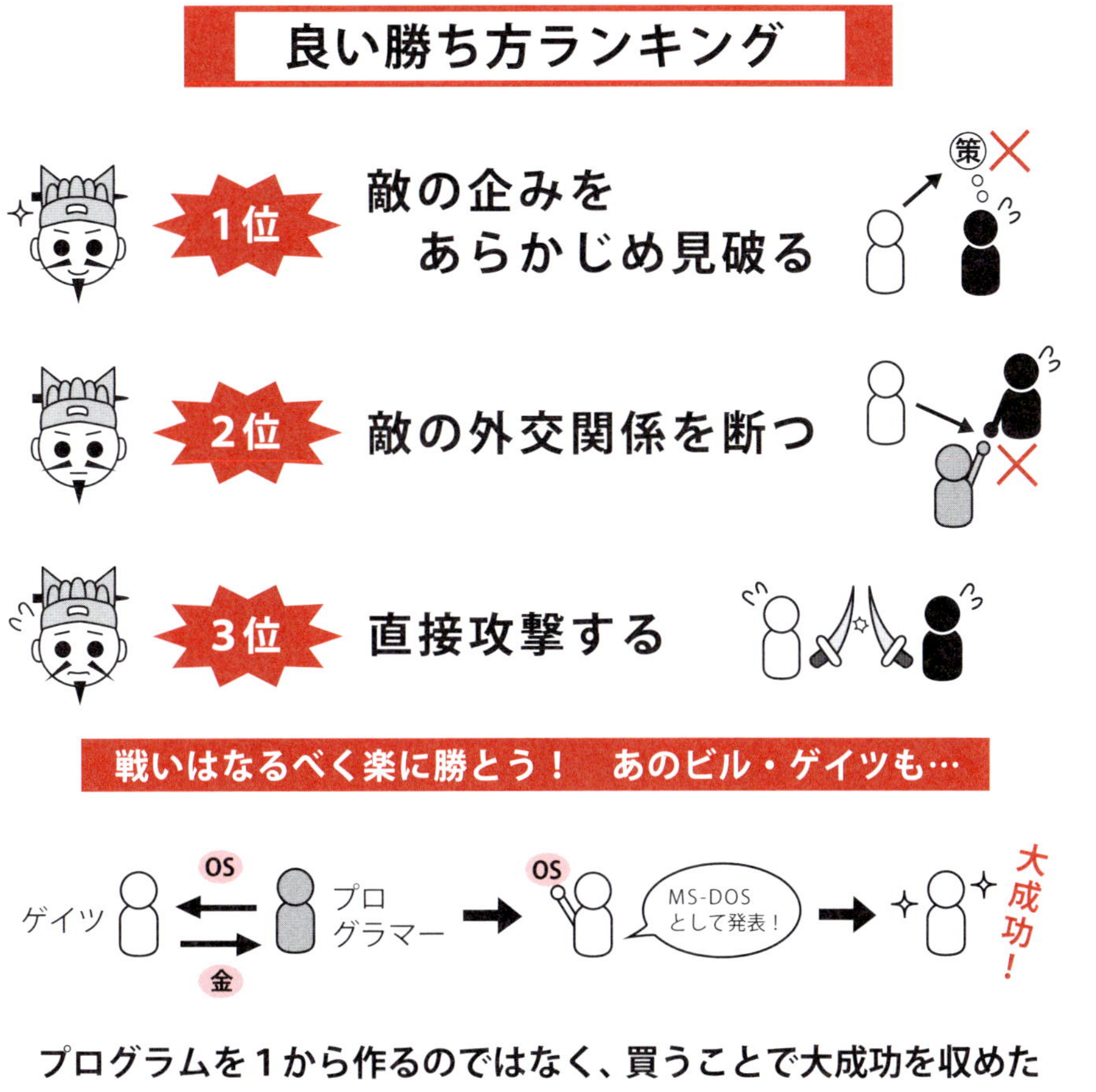
良い勝ち方ランキング
1位
敵の企みをあらかじめ見破る
策
2位
敵の外交関係を断つ
3位
直接攻撃する
戦いはなるべく楽に勝とう！　あのビル・ゲイツも…
OS
ゲイツ
金
プログラマー
OS
MS-DOSとして発表！
大成功！
プログラムを１から作るのではなく、買うことで大成功を収めた

最小限の労力で成功する道を探そう！

したものだ。

◆横着で成功したゲイツ

例えばビル・ゲイツはＩＢＭのパソコンに使うＯＳを作るのが面倒で、

「私が働かずに商品を早く完成させる方法はないものか」

と考え、あるプログラマーがひとりで適当に作ったＯＳを安価で買って、名前だけ「ＭＳ・ＤＯＳ」とした。彼はこうして世界一の富豪となった。

世界最大のＳＮＳ、フェイスブックの創設者のマーク・ザッカーバーグも、他人のアイディアに着想を得て同サイトを作ったとして提訴されている。

一生懸命働くのが最善の中の最善ではない。最小限の努力で成功するのが最善中の最善である。

「何かもっと利口な方法はないものか」

「余計な仕事を減らす方法はないか？」

と常に犠牲を減らす態度で仕事に臨むことだ。

こうすれば、あなたは仕事をずっと効率的に処理して余暇も増えるはずだ。何をするにしろ、犠牲のない、完全な勝利を目指すべきなのである。

孫子に学ぶ
勝利の
方程式
その10

死んだ人は生き返らない

費留は絶対に避けるべし

超訳

戦の戦果に満足せずに無駄な戦争を続ける者は、惨めな最期を迎える。
これを費留《ひりゅう》（人命と財産を浪費しながら留まっている）という。
したがって賢い君主は戦争の結果を憂慮し、すぐれた将は戦争の利と害を研究する。
利益がある時だけ動き、利益に合わないと判断したら、いつでも立ち止まらなければならない。
怒りは時と共に喜びに変わったり、恨みも時と共に愛に変わることもあるが、滅亡した国は二度と立て直すことはできず、死んだ人も蘇らない。
したがって賢い君主は戦争に慎重であるべきだ。

【火攻篇】

◆英雄にも最期は訪れる

このくだりでは、戦いに勝利したにもかかわらず、さらなる戦果を求めて無駄な戦いを続けることを戒めている。

いくら戦いに巧みな人も、戦いを止めずにずっと続けたら、いつか負けて惨めな最期を迎えることになる。

ナポレオンが没落した理由も、負けるまで侵略戦争を続けたからである。

ナポレオンは失脚後、セントヘレナ島に幽閉されて、島の総督ハドソン・ロウに散々にいじめられた。

ハドソン・ロウはいつもナポレオンを「ボナパルト将軍」と呼び嘲笑して、彼の頭を殴ったりした。

さらに体格の良い衛士たちをナポレオンの家の前に立たせて、彼が家を出ようとすると激しく殴りつけ、家の中に引き戻した。

屈辱の連続に耐えられなかったナポレオンが病気になってしまった時、ハドソン・

POINT

永久に成功し続けられる人間など存在しない。躓いた時に全てを失うような生き方は慎まなければならない。

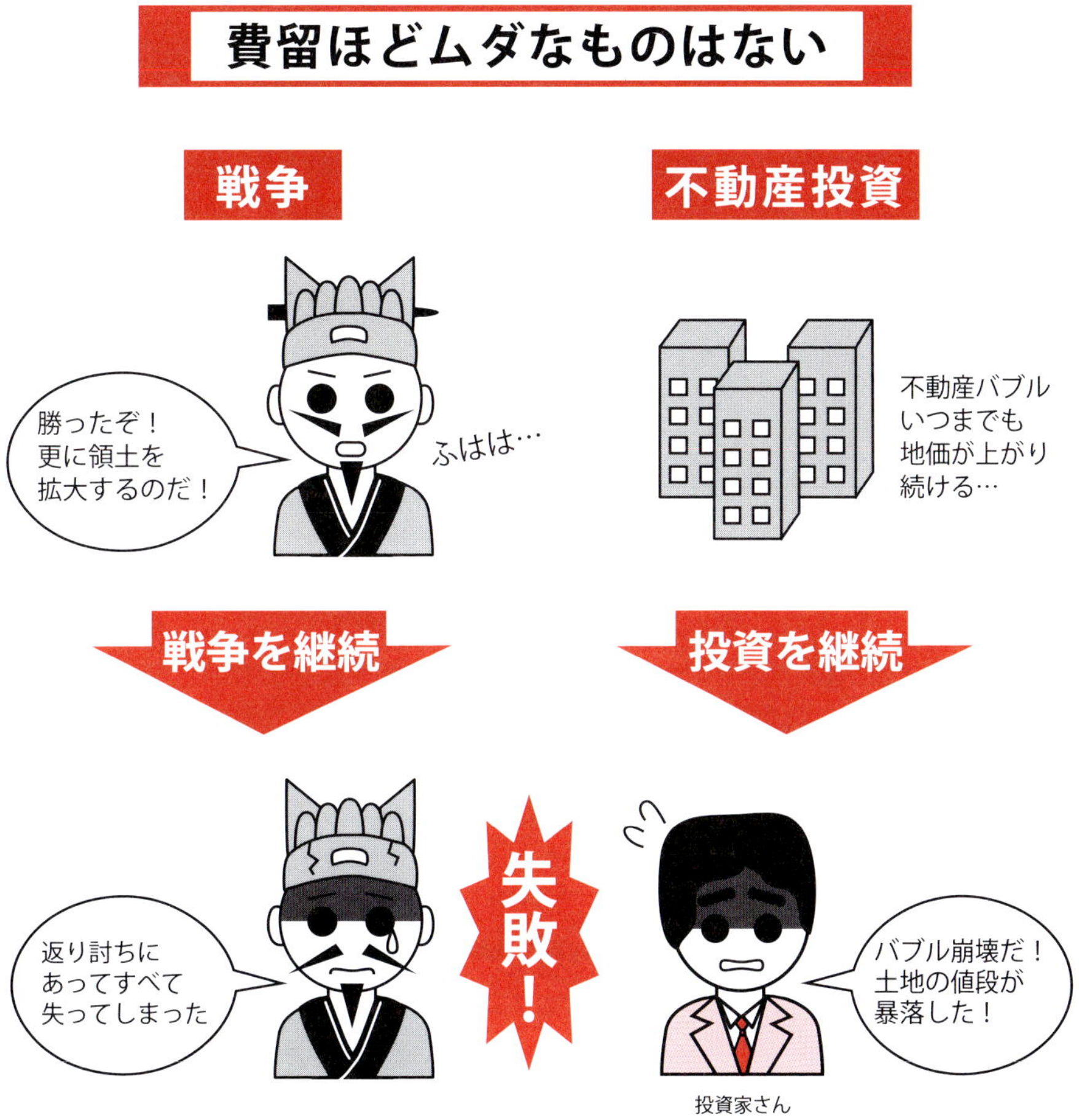

戦いは適当なところで切り上げるべき

ロウはナポレオンの医者を英国に強制送還した。

人々のほとんどはナポレオンの立派な姿だけを知っていて、彼の最期がどのぐらい惨めだったかは知らない。歴史上最高の戦略家の最期は、酷いイジメられっ子の姿よりも悲惨だったのだ。

負けるとはこういうことである。戦いを好む人は、勝率がいくら高くても、結局誰かに敗北して終わることになる。

◆誰にでも起こりえること

「費留」でつぶれる事例は、どこでも見ることができる。

90年代、一世を風靡した音楽プロデューサー・小室哲哉が巨富から没落し、詐欺事件にまで関わった理由も、中国に社業を拡張しようとするなど、過去の成功がずっと続くと考えたからだ。このような失敗は全て「費留」だから、警戒しなければならない。

満足を知らないこと自体は悪くないが、それはコントロールされなければいけないのだ。

「今までうまくいっていたし、これからも問題ない」という、不注意な態度が判断力を奪い、失敗に繋がるのである。

コラム
其の壱

そもそも、孫子ってどんな人？

孫武（孫子）は春秋時代の人物で、呉起《ごき》（呉子）と並び称される兵法家である。

もとは斉国の名門の出だったが、一族で争いがあったために呉国へと渡る。呉国へ渡ってからの事績は判然としないが、故事を学びながら独自の兵法を作り上げ『孫子』を執筆していたとおもわれる。ここで「死屍《しし》に鞭打つ」の語源ともなった名宰相・伍子胥《ごししょ》の知遇を得る。

闔閭《こうりょ》が呉国の王位に就くと、伍子胥の推挙で御前に招かれる。闔閭は孫武の兵法に興味を持ち「寵姫たちを兵に見立て、訓練してみてくれまいか」と頼む。引き受けた孫武だったが、遊び半分の寵姫たちは笑うばかりで指示通りに動かない。そこで孫武は「命令が不明確なのは、将の罪だ」と前置きして、再び指示を出した。尚動かない彼女らに、今度は「すでに命令が明確なのに兵が従わないのは、指揮官の責任だ」として、闔閭が止めるのも聞かず隊長役の寵姫を斬り捨ててしまった。

この一件で不興を買った孫武であったが、軍事の才能は認められ、呉の将軍に任ぜられる。楚国との柏挙《はくきょ》の戦い（紀元前506）に大勝するなど活躍するが、矢傷が元で闔閭が陣没し、子の夫差《ふさ》が王位を継ぐと職を辞し、姿を消す。その後の事績は不明である。

何かと謎の多い孫武だが、彼の記した『孫子』は後世の識者の手が加えられつつも、現代まで残っている。

後漢の『三國志』の時代には呉の孫堅たち孫氏が、孫武の末裔を自称している。その孫堅の子の孫権は『孫子』を編集し後世に伝えた曹操を赤壁の戦いで破ったのだから、面白いものである。

孫武（そんぶ）
紀元前535年？～没年不詳。
春秋時代の斉国出身。
字は長卿。
孫臏の先祖。「孫子」は尊称である。

第2章
必勝を約束する鉄壁の準備

Ultra Translated Sunzi!

必勝を約束する鉄壁の準備 その1

目標へのロードマップ

成功のための5つの条件

超訳

味方、敵を比較するうえで重要なのが次の5要素である。
まず、戦場を決めるにあたり、その広さや、
戦地までの距離を考えなければならない（1・度）。
広さや距離が算出されれば、
次は投入すべき物量を考えることになる（2・量）。
物量が決定されると、
次はその物量に沿った兵力を決めることになる（3・数）。
兵力が定まれば、
敵との戦力差を比較することが可能となる（4・称）。
後はその勝敗を判断するだけだ（5・勝）。
このように戦は、天秤に2つの錘《すい》を載せて
重さを比較するようなものだ。

【形篇】

まずは市場調査

このくだりを要約すると、**「勝負は戦いの前に決している」**ということである。

これは『孫子』の重要な前提であり、特に「計篇」と「形篇」の理論的基盤になっている。

ビジネスでも同じく、

1・市場の規模
2・市場を占有するために投入すべき資本
3・必要な職員の数
4・ライバル会社との能力の差

を計算してみれば、

5・勝算（予想シェアなど）

が自ずと導きだされるだろう。

これらは大企業のトップたちが物事を考えるプロセスに酷似している。

我々は普段「大企業の大規模な事業は、どのようなプロセスを経てスタートするのだろう」と疑問に思うが、彼らの考え方には、ある種単純な面があって、商品の質や消費

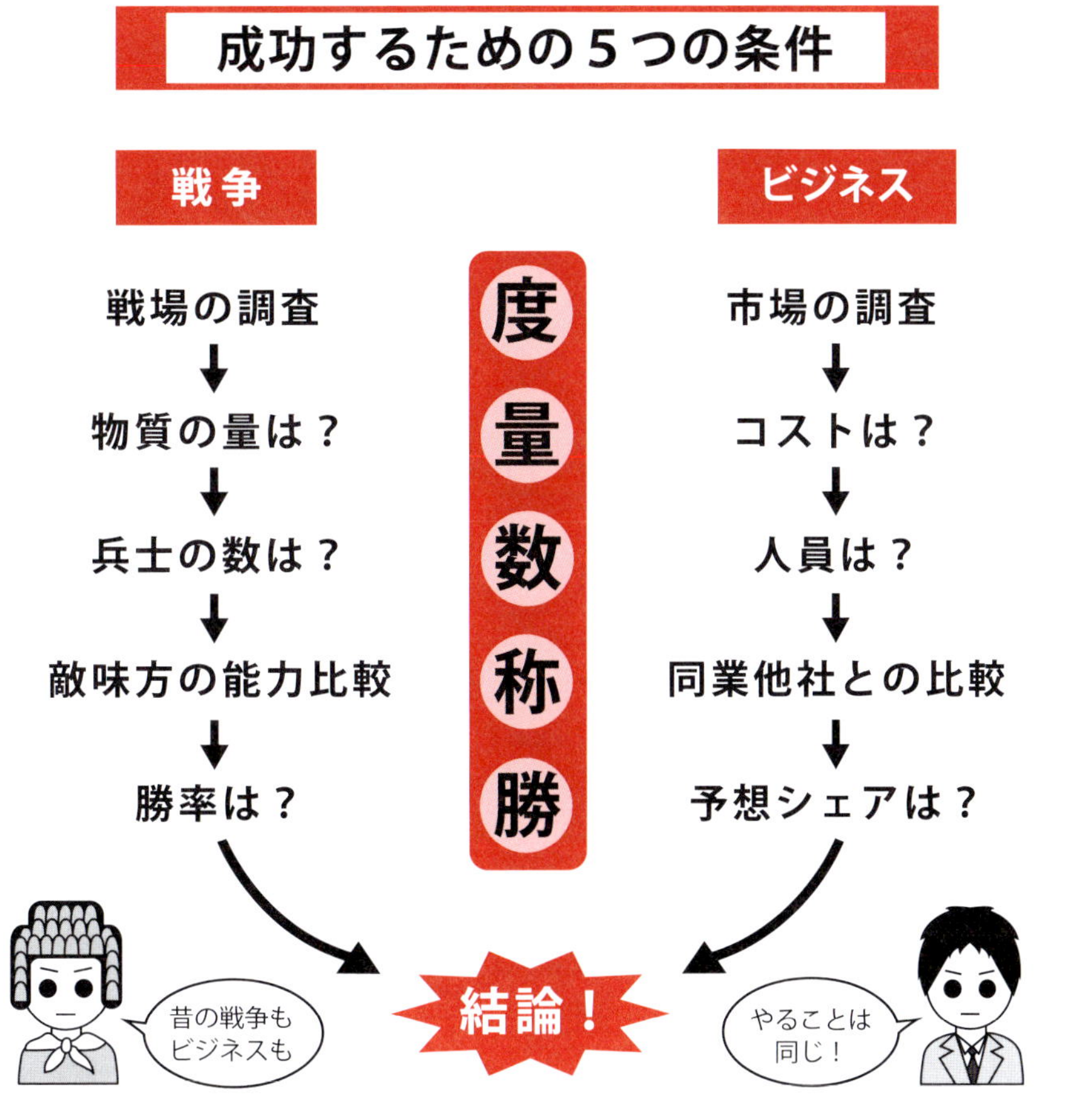

成功するための５つの条件
戦争
ビジネス
戦場の調査
物質の量は？
兵士の数は？
敵味方の能力比較
勝率は？
度
量
数
称
勝
市場の調査
コストは？
人員は？
同業他社との比較
予想シェアは？
結論！
昔の戦争もビジネスも
やることは同じ！

孫子が考えた５つの疑問はまさに経営者の思考
物事に取り掛かる前に立ち止まって考えよう

者が感じるディテールよりも、需要と供給などの数値に焦点を合わせて考える傾向がある。

例えば、大手ゲーム会社がサッカーゲームを作る場合、経営者たちはゲームの内容よりは、そのジャンルへの需要や、競争相手の販売量などに気を使う。

実は、こういう態度はゲームのようにユーザーの要求やバリエーションが多様な商品を売る場合には不向きなのだが、生活必需品——例えば製造業や流通業では有効な思考法だ。

◆個人の目標にも言える

社業だけではなく、個人の夢や目標も、

1・適えたい夢（目標）
2・勉強すべきこと
3・投資すべき時間と努力
4・ライバルたちの能力と自分の能力の差を次々計算してみれば、
5・この夢は叶えられるのか

が、分かるはずだ。

ビジネスにしろ、個人の夢にしろ、**一歩立ち止まって考えてみることで成功の可能性について大抵の予想は立てられる**のである。

POINT
仕事にしろ、個人的な目標にしろ、まずするべきなのは、かかるコストと、実現性を調査することなのだ。

必勝を約束する鉄壁の準備
その2

驕りが人を滅ぼす

敵を知り、己を知る

超訳

敵を知り、味方を知れば、
100度戦っても危険はない。
味方を知り、敵を知らなければ、
勝ったり負けたりする。
敵を知らず、味方も知らなければ、
戦うたびに必ず危機に陥る。

【謀攻篇】

◆敵を知り、己を知れば

孫子は「敵を知り、己を知れば、絶対に勝てる」とは言わず、ただ「危うからず」と言った。**「危なくない」とは、敵に勝利の機会を与えない**ということだ。

戦いに巧みな者は、敵に勝利の機会を与えるような隙を見せず、逆に敵が自分に勝利の機会をもたらす瞬間をじっと待つ。

「必ず勝つ！」と敵にかかっていく者ほど、かえって頼りない。**「必ず勝つ」という態度は傲慢である。**

この態度は自分と敵の実態を冷静に分析することの妨げにしかならない。

マーケットレポートを参考にしない投資家が成功できるはずがないし、スカウティングリポートを一顧だにしない野球選手が良い成績を残すことはできないだろう。

ただ、彼らに才能があれば（自分を知っていれば）勝利と敗北を繰り返すことはできるだろう。しかし、常にその仕事は不安

POINT

敵を知り、己を知れば勝てるのではなく、「負けることはない」。後は敵が隙を見せたり、こちらの術中にはまるのを待つのだ。

５秒で分かる勝敗早見表

戦う前から勝敗は決まっている

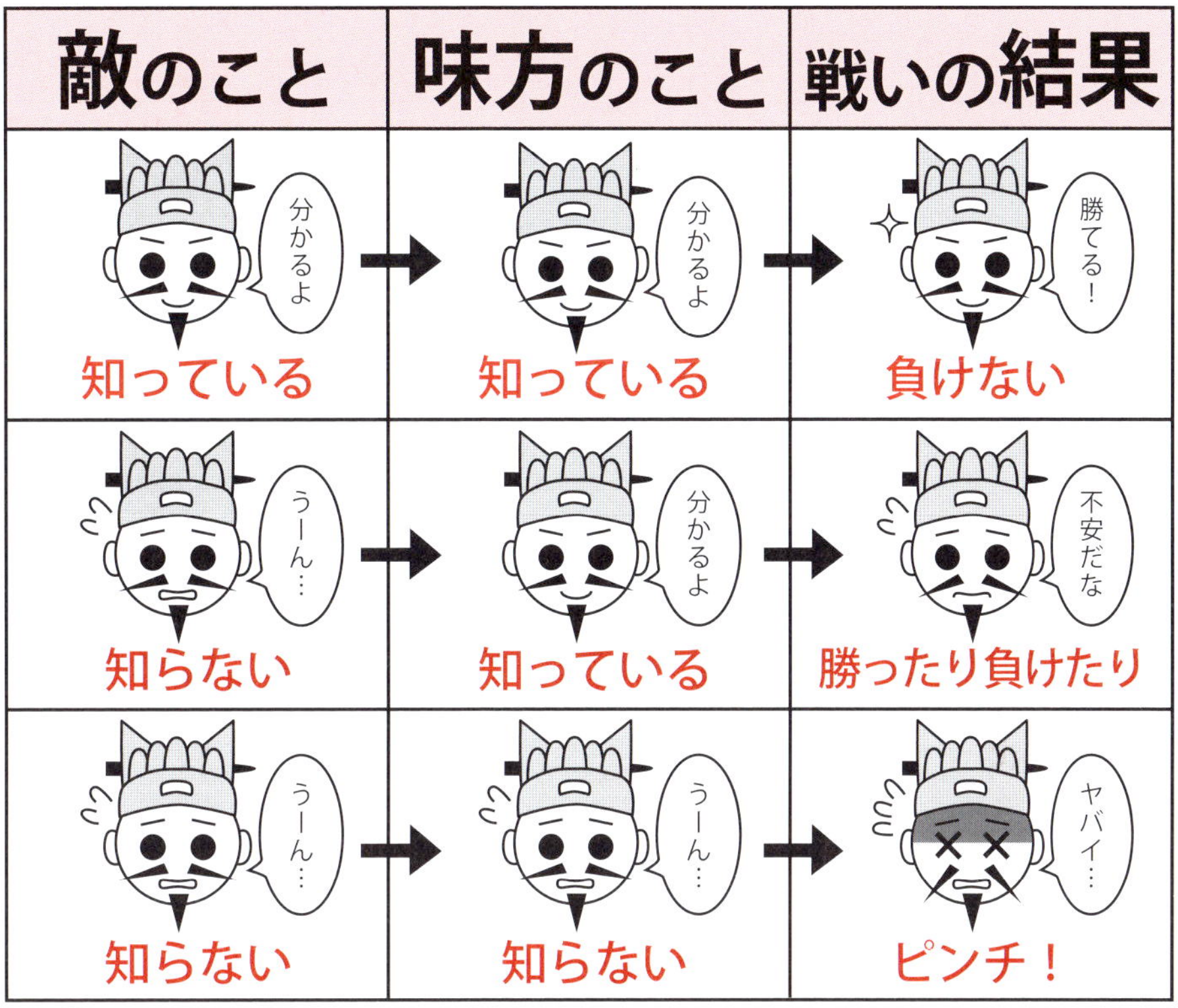
敵のこと
味方のこと
戦いの結果
分かるよ
知っている
分かるよ
知っている
勝てる！
負けない
うーん…
知らない
分かるよ
知っている
不安だな
勝ったり負けたり
うーん…
知らない
うーん…
知らない
ヤバイ…
ピンチ！

無謀な戦いは事前に察知して避けること

定で、いつ破綻してもおかしくないということだ。

◆官渡の戦い

後漢の時代、官渡の戦い（２００）において、10万もの大軍を率いた袁紹が、１万ともいわれる寡兵の曹操に敗れたのも、自分の力を過信して、自軍の「虚」を点検しなかったからである。

彼は優秀な軍師・田豊を、自分に意見したという理由で投獄したり、無能な縁故者を重用したりした。

こういった態度に不信感を募らせた陣営内では派閥争いが起き、高官が曹操に内通するに至った。結果、袁紹軍の弱点を高官から聞いた曹操が劇的な勝利を収めた。袁紹は自ら敵に、**絶好の勝機をプレゼントした**のである。

このように、戦争の勝敗は、勝者が自分の勝利を作り出すのではなく、敗者の過ちで勝利をプレゼントされることで決まるのが普通である。したがって、無理に勝利を求めるのは間違っているのだ。

勝とう、勝とうとする前に「１００度戦っても負けない」ようにするのが、正しい指導者の態度というものだ。

必勝を約束する鉄壁の準備
その3

機動力を活かして優位に立て

先手を打て

超訳

戦場に先に着いて、敵を待ち受ける軍は楽だが、敵より遅れて戦場に駆けつける軍は骨が折れる。だから名将はいつも先手を打って、相手を思うままに料理する将であり、絶対に相手の思うままにはならない。

【虚実篇】

◆戦争はスポーツではない

通常、スポーツは敵味方双方の準備ができてからゲームを始める。

しかし、実戦にルールはない。先に攻撃を始める方が、無条件に有利なのである。

したがって「先手の重要性」は『孫子』が説く最も重要な教えのひとつであり、事実、戦争史における勝利のほとんどは先手を打った者が手にしている。

唐の名将・李靖《りせい》のことを、人は**「中国史上最高の名将」**と呼ぶ。彼は指揮をとった戦いのほとんどで勝利を収め、特に突厥《とっけつ》帝国（今の中国に匹敵する領土を持っていた）を滅ぼしたことで、その戦略眼の確かさを証明した。

なぜ李靖は連戦連勝を重ねることができたのか？　彼の戦略の核心は、敵を先に攻撃する、つまり先手を打つことだった。機動力に優れる騎兵を中心にして、敵の思いもよらない急所を突き、どんな敵でも破る

POINT

待ち合わせひとつをとってみても、早めに着いているとなんとなく優越感を覚えるはずだ。なにごとも先手を打ってみよう。

戦争はヨーイドンでは始まらない

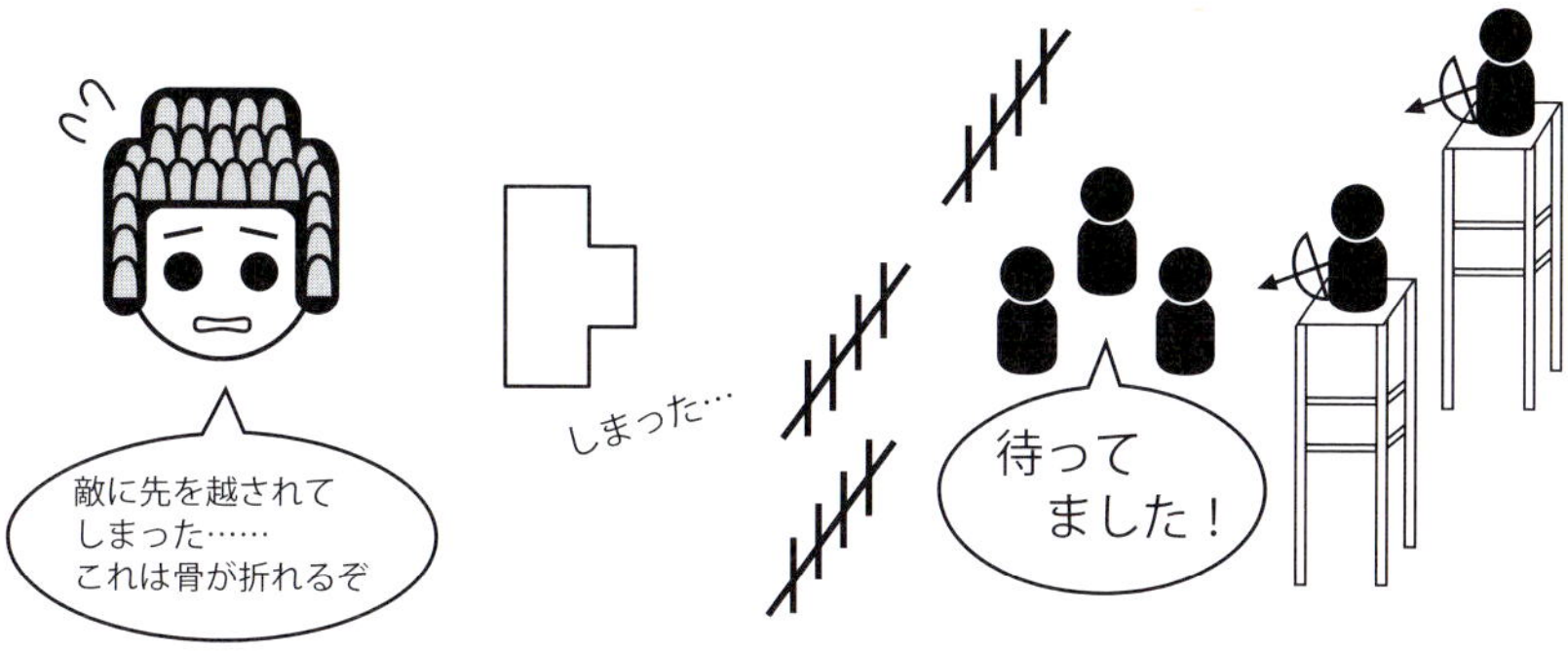

自分が先に到着すれば…

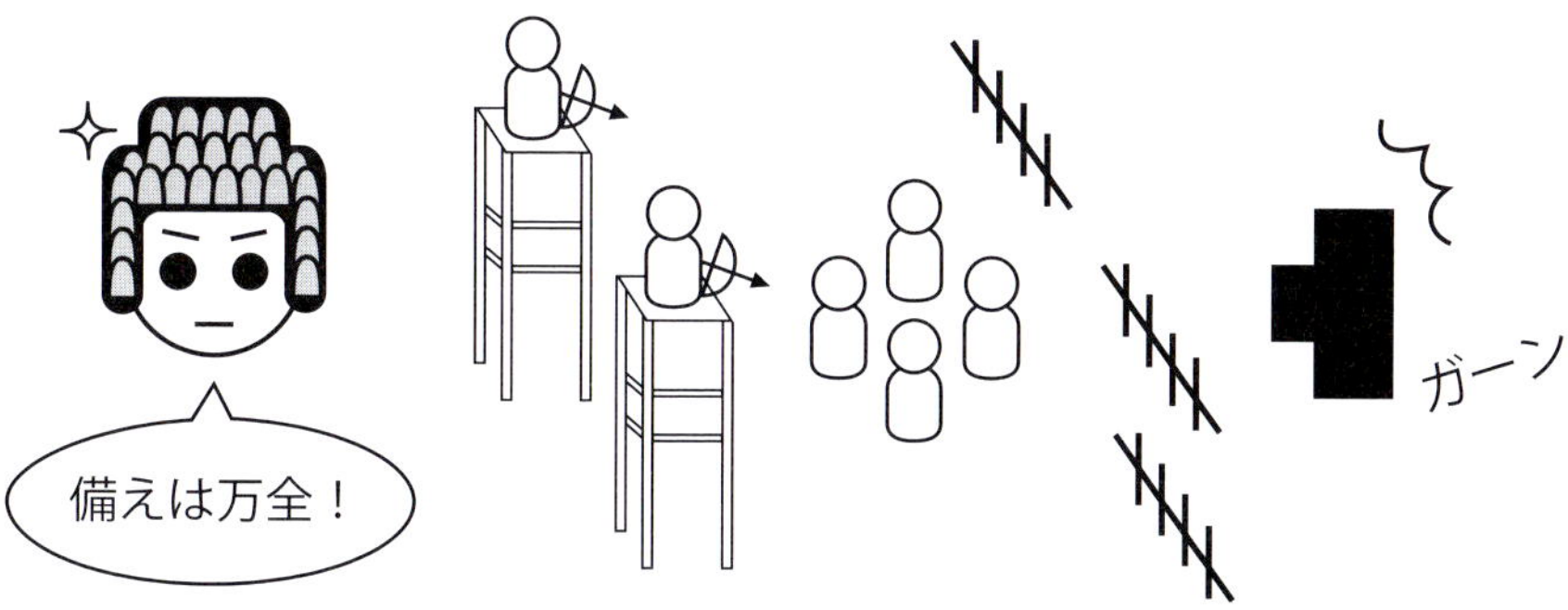

戦場には早く着けば着くほど有利！
あらゆる手段で敵の速度を上回るべし

ことができた。

日本の戦国時代に勢力を急拡大させた織田信長も、配下に「織田機動部隊」とでも言うべき、素早く行動する部隊を持っていた。

故郷・尾張の兵を機動性に富んだ軍に再編成し、本拠地・安土に結集させ有事に備えさせ、**どんな敵を相手にしても後手に回らない**ようにしていたのである。

◆先手の優位性

先手の優位性は色々な分野で証明されている。例えば囲碁では先手の黒が圧倒的に有利であるため、6目半のハンディキャップを設けるのが一般的である。

試合がスタートしてからしばらくは、白は黒の出方を窺わざるを得ず、その主導権の差が試合が終る頃には6目半の差になっているということだ。

ビジネスにおいては言うまでもないだろう。私たちが自動販売機で目にするコーラは、コカ・コーラ社製が多いか、ペプシコ社製が多いか、思い出してみることだ。

コカ・コーラの販売開始は1886年、ペプシ・コーラの前身となる飲料が発売されたのは1893年、**未だにその7年の差は埋められていない。**

必勝を約束する鉄壁の準備
その4

考えを知らなければ対応もできない

相手の腹の内を読め

超訳

諸侯たちの腹の内を知らなければ、
良い相手と同盟することができない。
山林や沼沢地などの険しい地形を把握していなければ、
行軍はできない。
現地人をガイドに使わない将は、
地形の恩恵を受けられない。
以上の3つのうちひとつでも知らなければ、
覇王の軍とはいえない。

【九地篇】

庇を貸して母屋をとられる

「庇を貸して母屋をとられる」という日本の有名なことわざがあるが、中国の『兵法三十六計』にも、「假道伐虢《かどうばつかく》」という似たような故事がある。

「假道伐虢」とは、「道を借りて虢を伐つ」という意味である。中国春秋時代の虢と虞《ぐ》は、隣り合う小さな国だった。

この2つの国を征服したかった晋《しん》は、2つの国が力を合わせるのを防ぐために虞の王を買収して自分の味方にしようとした。晋は、虞の王に財宝と名馬をプレゼントして「虢を伐つから道を貸してください」と頼んだ。こうして虢が滅亡すると、虞は連合することができる国がなくなってしまった。結局、虞も晋に吸収されて、なくなってしまった。

虞王は、晋王の腹の内を知らずに、破滅することになった。このように、相手の腹の内を知らなければ、**誰が敵なのか、誰と**

POINT

こちらにも考えがあるように、相手にも何らかの思惑がある。それを読んで利用したり、裏をかくことが駆け引きでは大切。

同盟とは腹の読み合いである

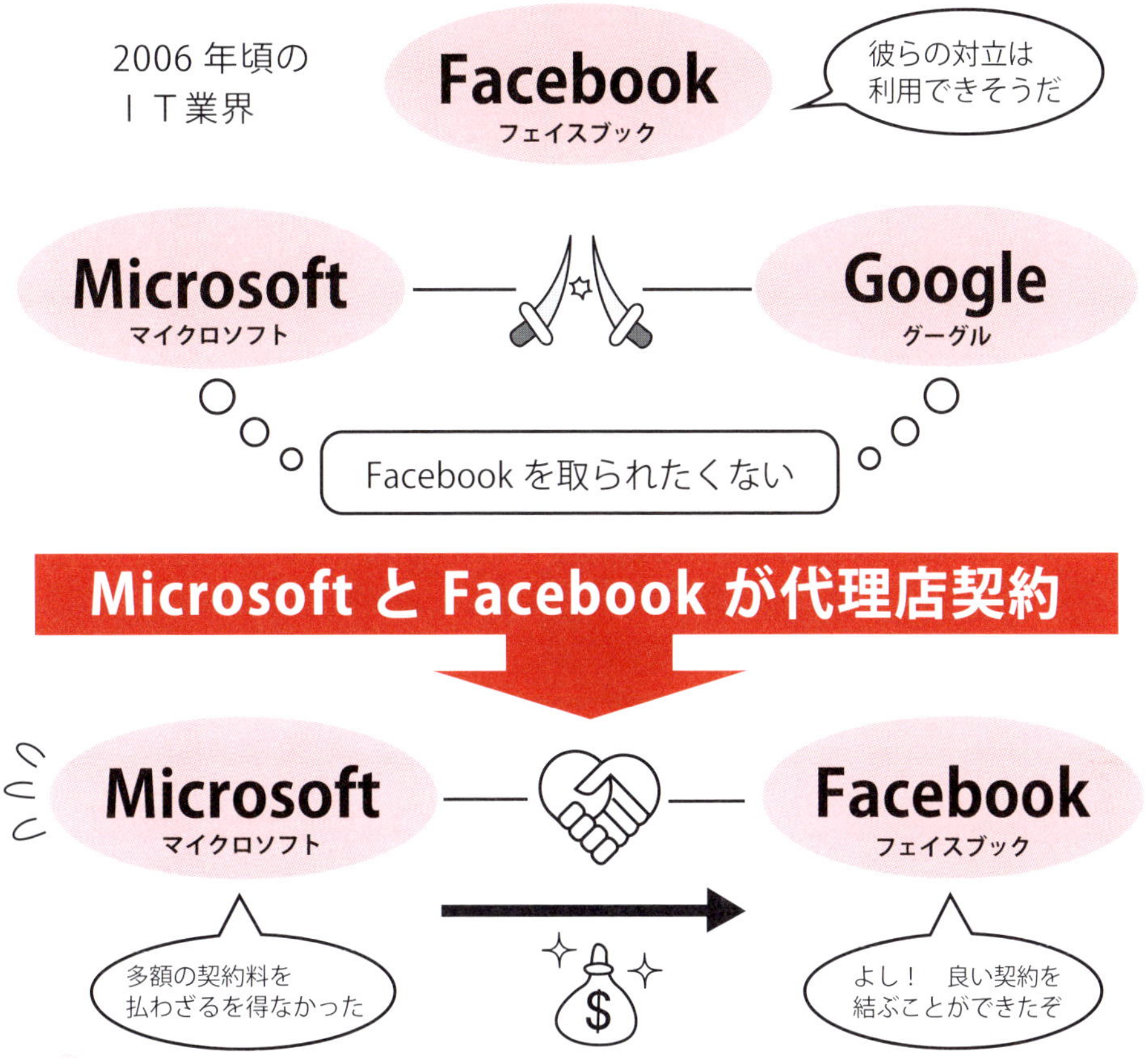
2006年頃の
ＩＴ業界
Facebook
フェイスブック
彼らの対立は
利用できそうだ
Microsoft
マイクロソフト
Google
グーグル
Facebookを取られたくない
Microsoft と Facebook が代理店契約
Microsoft
マイクロソフト
Facebook
フェイスブック
多額の契約料を
払わざるを得なかった
$
よし！　良い契約を
結ぶことができたぞ

相手の腹を読むことで有利な同盟が結べる

友達になるべきなのか判断することができないのだ。

同じような事例として、『三國志』の主人公、劉備の「蜀獲り」がある。清廉潔白なイメージのある劉備だが、蜀の領主・劉璋の配下と謀り、協力するとみせかけて領土を全て奪ってしまった。

◆ザッカーバーグのしたたかさ

現代のビジネスで、良い同盟を作って成功した事例として、ソーシャルネットワーキングサービスの最大手フェイスブックがある。かつては収入を広告のみに頼っていたフェイスブックだが、その代理店となっていたのはマイクロソフトである。

フェイスブックの創立者マーク・ザッカーバーグは、マイクロソフトがグーグルに色々な買収競争で遅れを取っていること、フェイスブックをグーグルに持っていかれるのは絶対に避けたがっていること、といった相手の思惑を読み、好条件の契約を取ることに成功した。このように**業界の諸侯（グーグル、マイクロソフト）の腹の内を把握**していた結果、ザッカーバーグは良い相手と同盟して、世界で最も若い億万長者となったのだ。

必勝を約束する鉄壁の準備
その5

「万が一」の備えが明暗を分ける 勝手に肯定的に考えるな

超訳

用兵の原則としては、敵がやって来ないことをアテにするのではなく、敵がいつ来ても良いような備えを頼りにするべきだ。敵が攻撃してこないことを期待するのではなく、攻撃したくともできないような態勢を構築しておくのである。

【九変篇】

◆希望的観測

「Wishful Thinking」という言葉がある。これは直訳すると「希望的な考え」だが、実は**「勝手に良い方向に考えること」**の意味で使われる言葉である。

例えば、テスト勉強中の学生が参考書を読んでいて難題を発見したとする。

自分が理解できないばかりに**「まさかこんな難しい問題は出題されまい」**と勝手に考える。これは「Wishful Thinking」をしているのだ。

テストの難易度は出題者が決めることであり、学生が予想できることではない。彼は難易度の低いテストを勝手に想定せず、難しい問題にも備えるべきだったのだ。

学生時代なら、このようにテストで悪い点数を取る程度のことで済むだろうが、責任ある大人たちが勝手に楽観的に考える習慣を持っていると、**人命や、国家経済を危機に陥れる**ことになる。

POINT

「まあ、大丈夫か」という言葉が頭をよぎった時は、本項を読み直してみよう。きっと考え方が変わるはずだ。

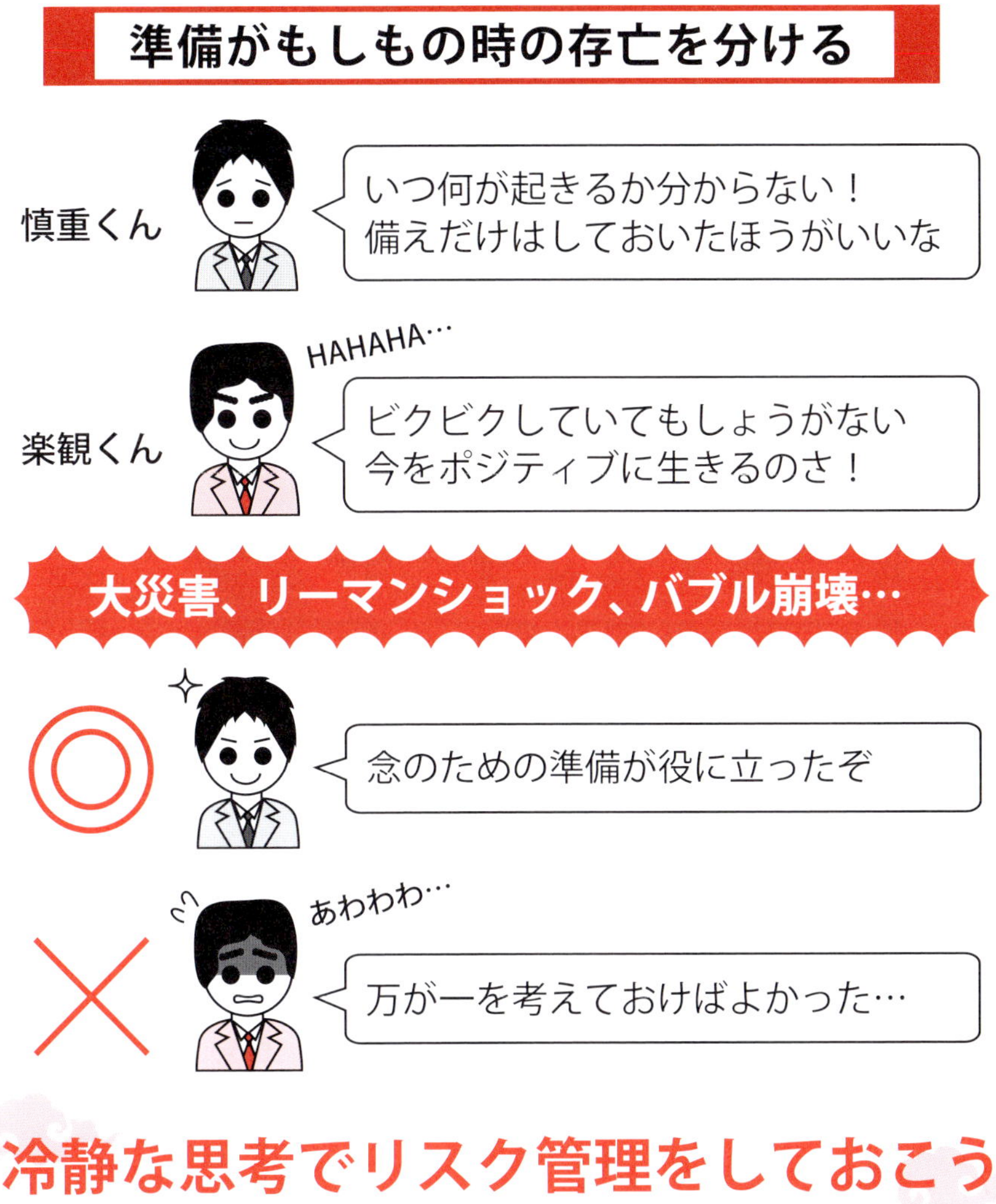
準備がもしもの時の存亡を分ける
慎重くん
いつ何が起きるか分からない！
備えだけはしておいたほうがいいな
HAHAHA…
楽観くん
ビクビクしていてもしょうがない
今をポジティブに生きるのさ！
大災害、リーマンショック、バブル崩壊…
念のための準備が役に立ったぞ
あわわわ…
万が一を考えておけばよかった…
冷静な思考でリスク管理をしておこう

◆楽観視の末の悲劇

２００７年、アメリカで発生したサブプライムローン問題や、２０１１年の東日本大震災に伴う福島第一原発の事故などを想起してみよう。

それらは責任者たちの**「勝手で、楽観的な考え」**が原因となっている。

最悪の結果を想定すべき職務にある人々が「よもや」「まさか」といった言葉を口にしてしまったのだ。

「大丈夫、大丈夫」「心配するなって」「肯定的に考えよう」――。

全て耳には甘い言葉だが、歴史を顧みると、**この態度が原因で破滅した人物は数えきれない。**

よく肯定的な態度はよくて、否定的な態度は後ろ向きでよくない、とされる。しかし、否定的な心理は、実は私たち自身を保護するための自然な心理メカニズムである。

生まれつき否定的な思考ができない「先天性疑い欠乏症候群」の人がいたとしたら、その人は一生詐欺師や新興宗教家に悩まされ、悲惨な生涯を送るだろう。

ある程度は**否定的な態度をとることが、安全な人生を生きるうえで重要**なのである。

必勝を約束する鉄壁の準備 その6

古代唯一の大量破壊兵器

常に最悪の事態を想定しろ

超訳

火攻は「火人《かじん》」「火積《かし》」「火輜《かし》」「火庫《かこ》」「火隊《かたい》」の5種類だ。火人は、敵兵を燃やすことであり、火積は兵糧を、火輜は輸送車を、火庫は倉庫を、火隊は橋などの行路を燃やすことを指す。

そして火攻を実行するには、空気が乾燥し、風が強い日を選ばなければならない。

また、火攻は状況の様々な変化に対応する必要がある。敵陣の中に味方が放った火を見つけたら、外からも呼応して攻撃する。ただし、火が放たれた後も敵陣が静かで、動揺しないようなら攻撃せずに待つ。敵陣を注視して、火力が極みに達した時に攻撃すべきだが、できない状況であれば中止するのだ。

【火攻篇】

◆火攻めの条件

どんな攻撃にも言えることだが、特に火攻めは、その条件が大切である。条件が合わない場合、火攻めは使えない。

中国の三国時代に行われた魏呉の決戦「赤壁の戦い」でも、火攻めで勝負が決まった。魏軍のほとんどは水に慣れていなかったから、船酔いを防ぐために全軍の船を金鎖で繋げて揺れを軽減した。

呉の黄蓋《こうがい》は魏軍の船団が密集している弱点を利用して、火攻めを提案した。風向きが南東に変わった時、呉軍は作戦を開始、結果は私たちが知るように、魏軍の大敗だった。

このように、火攻めは全ての状況が揃って初めて、使える手段である。

ここで注目すべきことは、2つとも敵の**「実」を「虚」に変えた**ことである。

この戦いで魏軍の船が繋がれていたのは、船酔いを防ぎ移動を便利にする「実」だったが火攻めの前にはこれが「虚」になった。

POINT

自軍の全てを壊滅させ、逆に敵の全てを灰燼に帰すことのできるのが火攻めである。

リスクへの備えを忘れてはいけない

赤壁の戦い

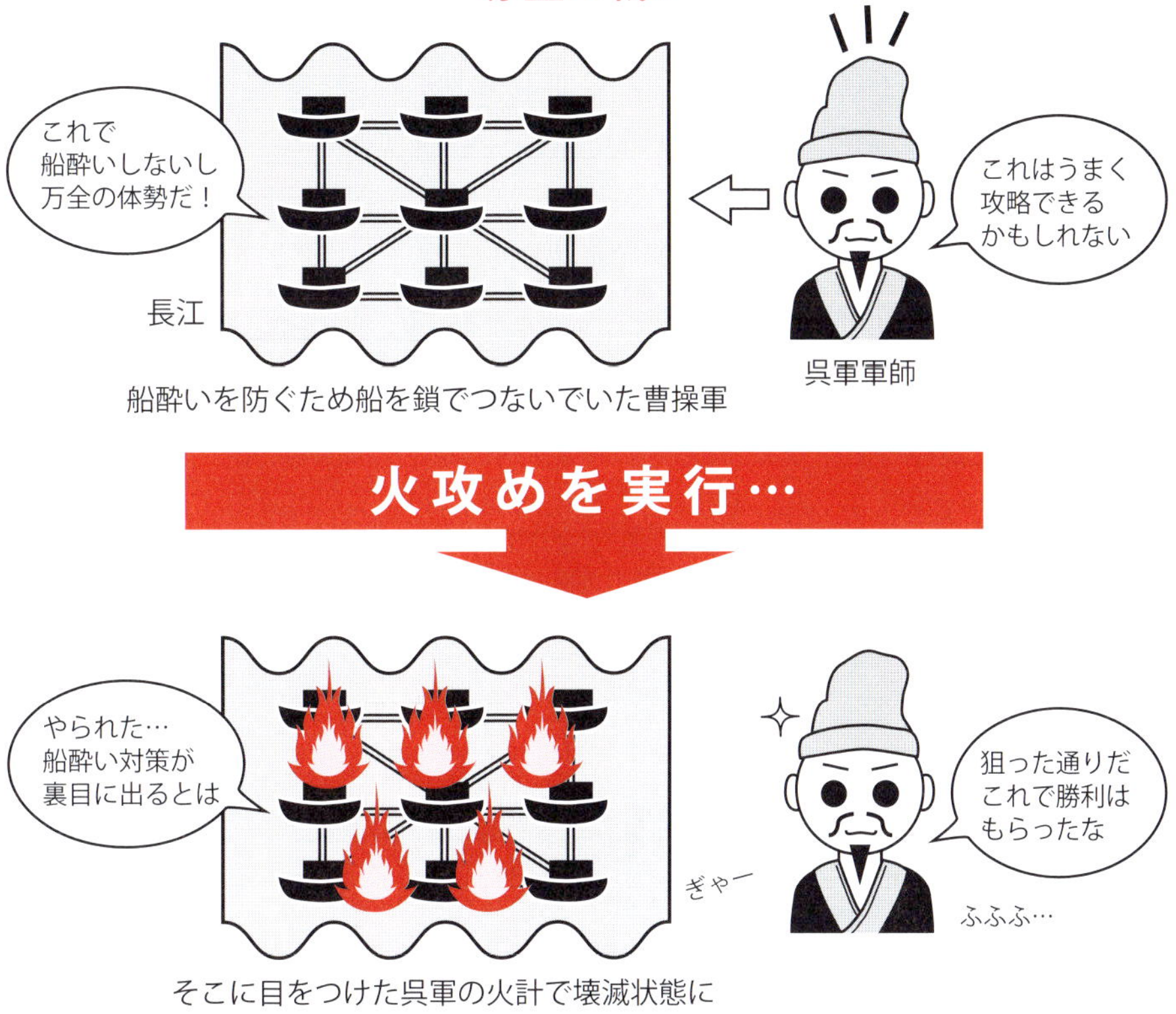
これで
船酔いしないし
万全の体勢だ！
長江
これはうまく
攻略できる
かもしれない
呉軍軍師
船酔いを防ぐため船を鎖でつないでいた曹操軍
火攻めを実行…
やられた…
船酔い対策が
裏目に出るとは
狙った通りだ
これで勝利は
もらったな
ぎゃー
ふふふ…
そこに目をつけた呉軍の火計で壊滅状態に

常に最悪のシナリオを想定して行動すること

◆リスクを考慮する

火攻めは古代の唯一の大量破壊兵器だったため、古代の将軍たちはいつも敵の火攻めの可能性を心配しなければならなかった。

つまり、陣を作る時にも「ここはひょっとして敵の火攻めの的にはならないか？」、森の中を行軍する時にも、「今、敵が火攻めを仕掛けてきたらどうする？」と、ノイローゼになるほど自問自答しなければならなかったのだ。

これは火攻めが、敵が採りうる戦法の中で最も強力な、極端な手法――つまり**「最悪のシナリオ」**だったからだ。

「起こる可能性が低いから、考慮しなくても良い」と思う態度ほど危険なことはない。災難の全ては起こる可能性が低いことから生じるからである。

現代のビジネスでも、相手が極端な手を使う可能性についていつも考慮しなければならない。例えば、人を雇う時には彼がやめる可能性を、同業者がいれば彼が裏切りをする可能性を、仲が悪い人がいたら彼が害を与える可能性を考慮するなど、最悪のシナリオにいつも備えていなければならない。

これは安全な人生を生きるためにも重要な態度である。

必勝を約束する鉄壁の準備 その7

チェックするだけで勝敗が明らかになる

戦いの前のチェックリスト

超訳

戦争の前に考慮すべき5つの要素、「五事」がある。

1番目は「道」、つまりビジョンで、リーダーと部下が共有すべき意志である。

2番目は「天」。これは気温、季節などの自然環境だ。

3番目は「地」で、これは戦場の地形条件だ。

4番目の「将」とはリーダーの資質で、知略があるか（智）、信頼を得ているか（信）、仁慈があるか（仁）、決断力と勇気はあるか（勇）、厳格さはあるか（厳）を基準とする。

そして5番目の「法」とは、軍隊の組織編成や軍規など。

これを深く知る者は勝利するが、知らぬ者は勝つことができない。


【計篇】


敵味方、双方が必死に戦う状況では、運が悪くて負けることはあっても、運がよくて勝てることは滅多にない。敵が自分で勝てる相手か、勝てない相手かを冷静に判断する能力は、戦闘能力よりも重要である。

それを判断する基準である5つが、「五事」なのである。

1・道（集団の意志）

「道」とは戦いの大義名分、つまり味方を団結させるために、リーダーが提示する「戦いの理由」である。共産主義革命における「我々労働者を不当に搾取する資本家たちを倒して、労働者たちの世界を建設しよう！」、フランス革命における「腐敗した貴族から、自由と平等を取り戻そう！」といったスローガンが、それにあたる。

2・天（自然の環境）

「天」とは、縁起、気温、季節など自然の環境を指す。例えば敵と対峙する時、太陽

POINT

このように、戦において将に求められている資質ははっきりしている。事前に考慮することで、自ずと勝敗も明らかになる。

戦いを長引かせるのは愚策である

戦う前に忘れずに☑《チェック》しよう

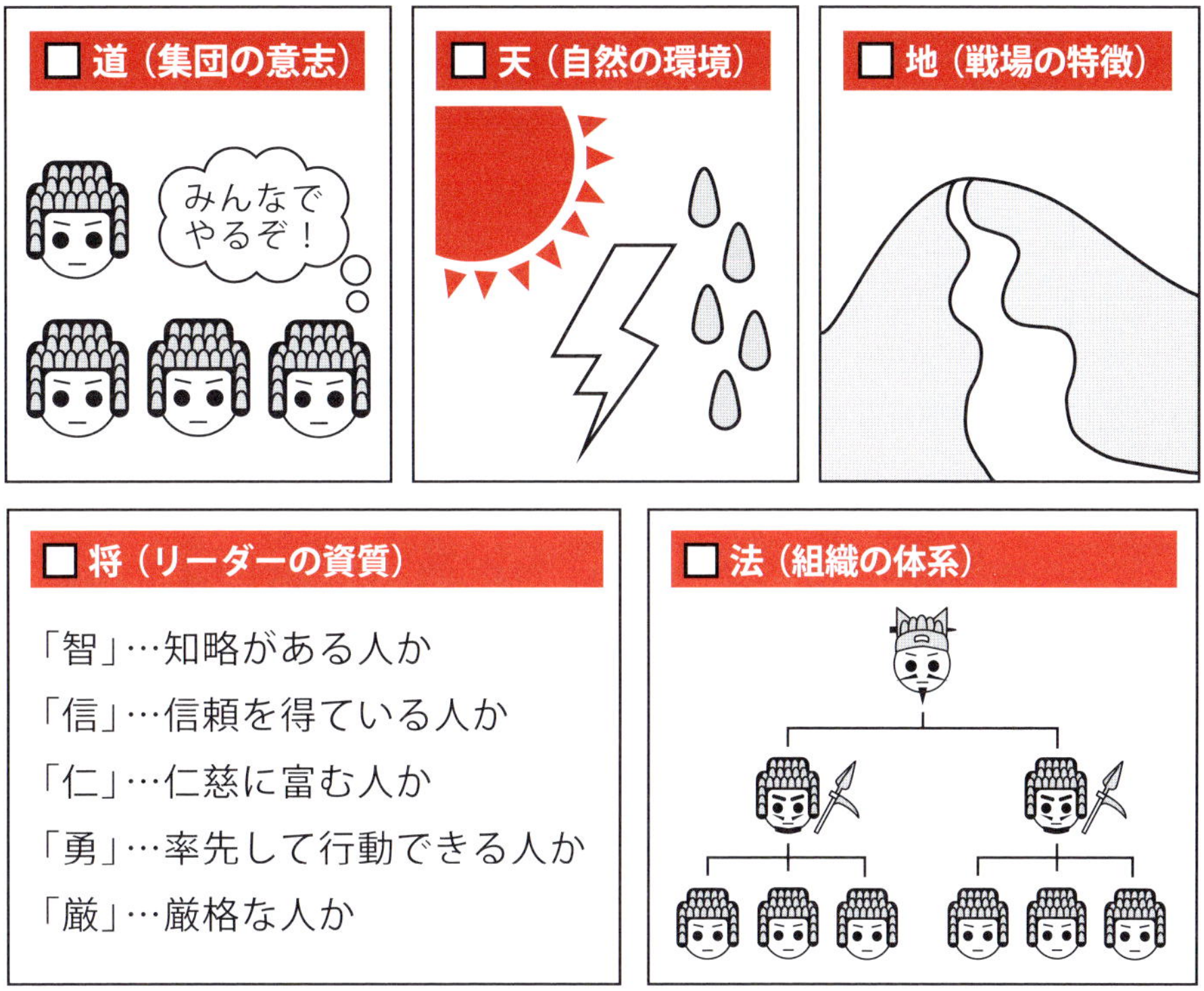
□ 道（集団の意志）
みんなでやるぞ！
□ 天（自然の環境）
□ 地（戦場の特徴）
□ 将（リーダーの資質）
「智」…知略がある人か
「信」…信頼を得ている人か
「仁」…仁慈に富む人か
「勇」…率先して行動できる人か
「厳」…厳格な人か
□ 法（組織の体系）

「五事」がすべて問題なければ勝算は高い！

を背に布陣して相手の目を眩ませる先鋒は古来より愛用されている。夏に商談相手を空調がない部屋に案内して、判断力を乱すテクニックも、これにあたるだろう。

3・地（戦場の特徴）

戦争で勝利するのは「戦場の形を活かす者」である。ゲリラ戦で小規模の軍が大軍を手こずらせることができるのは、彼らが戦場を熟知しているからである。道もよく知らない戦場に入った敵は、少数のゲリラに手玉に取られてしまうのだ。

4・将（リーダーの資質）

ここで列挙されている「智信仁勇厳」は『君主論』などで述べられているリーダー像にも通じる5つのクリティカルな要素である。

5・法（組織の体系）

ここでの「法」は「法律」のことではなく、組織の体系、つまり「システム」を指している。

例えば意思決定の方式、補給の方式、命令体系などが孫子のいう「法」にあたるのだ。

特に現代のビジネスでは個人の能力よりシステムで勝敗が決まる場合が多いから、絶えず研究を続けなければいけない。

必勝を約束する鉄壁の準備 その8

負ける軍の6のパターン

決して真似してはいけない人災の類型

超訳

負ける軍隊には、次の6つの人災のいずれかがある。

1・走（逃げる軍）…味方を分散させて敵に当たらせる。
2・弛（弛む軍）……兵が優秀だが、将が無能。
3・陥（欠陥のある軍）……将が優秀だが、兵が無能。
4・崩（崩れた軍）……現場指揮官の統制がとれない軍。
5・亂（乱れた軍）……将が軟弱で兵を甘やかす軍。
6・北（敗北する軍）……敵情を把握する能力がない軍。

こういった敗北の類型にはまらないように、将は考察を重ねなければならない。

【地形篇】

それぞれの項目を現代のビジネスに当てはめて見てみよう。

1・走（逃げる軍）

能力を遥かに超える仕事を押し付ければ、兵も社員も逃げ出していくのである。これが「走」である。

2・弛（弛む軍隊）

筆者が知るある会社幹部は、営業部のパワーポイント用のグラフを作らせるために、数学博士を使っていた。このように優秀な人材が愚かな上司の下にいる情けない組織を「弛」という。

3・陥（欠陥のある軍隊）

筆者が高校で教わった歴史の先生はとても優秀で、面白く、なおかつ分り易く歴史を教えてくれた。問題は筆者のクラスは特殊なカリキュラムで、大学入試に歴史の教科がなかったことだ。

POINT

歴史上、敗北したあらゆる軍隊は、この6つの類型のいずれかに属する。自分の組織があてはまらないかチェックしてみよう。

敗北を呼ぶ6つの人災

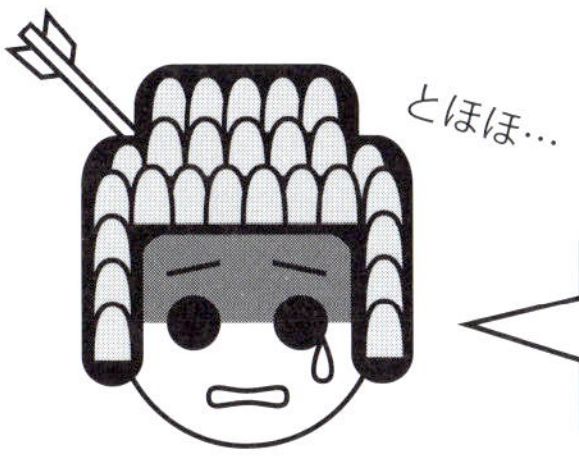
とほほ…
勝てるはずの戦いに負けてしまった
一体、何が悪かったんだろう…

原因として考えられるのは6つ

- **走**《そう》　分散して敵に挑む
- **弛**《し》　兵が有能で将が無能
- **陥**《かん》　将が有能で兵が無能
- **崩**《ほう》　指揮官が命令を聞かない
- **亂**《らん》　兵の教育が足りない
- **北**《ほく》　敵情を把握していない

こうしたミスをしないために
常に研究を重ねなければならない

結果、筆者を含む多くの学生は睡眠不足を解消するためにその授業を利用した。このように将が優れていても、兵が無能である組織が「陥」である。

4・崩（崩れる軍隊）

天下り人事でよく発生するパターンである。筆者が勤務していた会社のあるチームで、社長の妹が新しい上司として入ってきた。しかし、彼女はまったく実務を理解していなかったので、彼女を無視してスケジュールを作って、勝手に仕事を進行した。

このような類型が「崩」にあたるのだ。

5・亂（乱れる軍）

上司が部下を制圧することができない場合、部下たちは決まりがなく傍若無人でわがままになる。これは6つのパターンの中で一番深刻である。組織を維持するのも難しくなる場合すらあるからだ。

6・北（敗北する軍）

実は、これは別に分類されているが、「1、走（逃げる軍隊）」とほぼ同じ類型である。

敵情を把握することができないことで、結果的に「軍を分散させて密集している敵に当たらせる」ことになるからだ。

必勝を約束する鉄壁の準備
その9

仕事は早く終わらせろ

長期戦は百害あって一利なし

超訳

軍を運用するには、莫大な食料や兵士を遠方に運ばなければならないし、外交上の費用もかさむため、大変なコストがかかる。だから、早く勝つのに越したことはない。

戦争が長引くことで、兵士たちは疲れ士気は下がり、国庫もどんどん貧しくなる。

こうなった時に敵に攻めかかられてはたまらない。

「戦争は適当でも早く終わらせろ」という話は聞いたことがあるが、「戦争は上手く長引かせろ」という話は聞いたことがない。

つまり、戦の害をよく知らない将軍は、戦で利を得ることはできないのである。


【作戦篇】

◆長期戦の害

作戦篇では、長期戦の害について警告している。戦争は、敗者だけではなく、勝者の方にも犠牲が大きいので、勝てる戦いでも速戦即決しなければならない。

例えば、ベトナム戦争において米国は素早い勝利を収められなかったために、米国史に大きな汚点を残す結果となった。

同国が2003年から始めたイラク戦争も2011年12月14日正式に終結するまで、泥沼の長期戦が続いた。

ベトナム戦争の轍を踏むまいとしたのか、当時の国防長官であるドナルド・ラムズフェルドは電撃作戦を指向したが、占領政策でつまずき、駐留を続けざるを得なかった。

形式的には米国は勝利したが、その権威は失墜し、国内では共和党が政権の座を失って民主党のバラク・オバマが大統領になる直接的な原因になった。

速戦即決しなければ、米国のような

POINT

仕事も戦争も、長引くことでコストがかさんでいく。適当なところで切り上げるのも英断であるのだ。

戦いを長引かせるのは愚策である

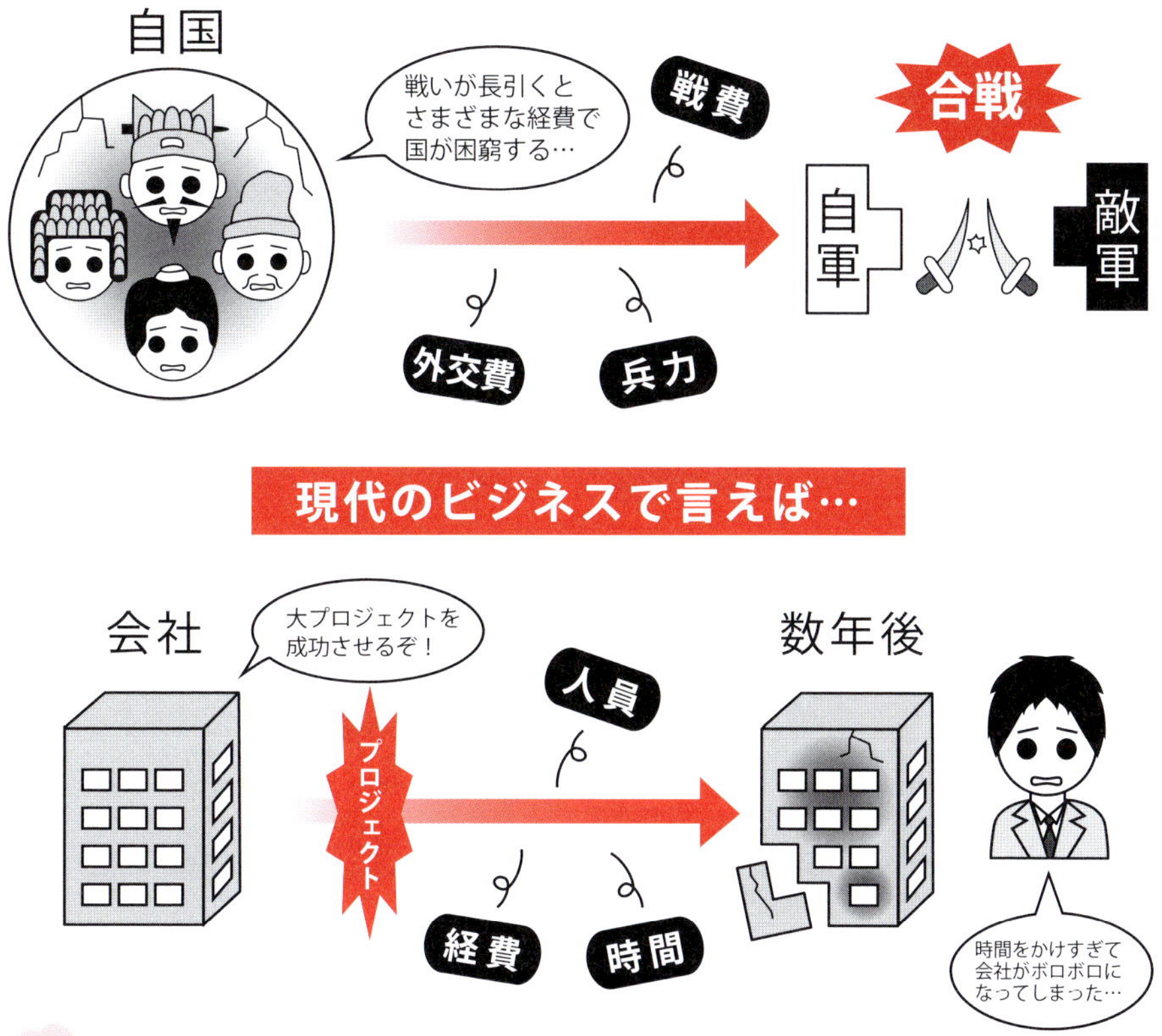
自国
戦いが長引くと
さまざまな経費で
国が困窮する…
戦費
合戦
自軍
敵軍
外交費
兵力
現代のビジネスで言えば…
会社
大プロジェクトを
成功させるぞ！
数年後
人員
プロジェクト
経費
時間
時間をかけすぎて
会社がボロボロに
なってしまった…

戦いもビジネスも長期化すれば疲弊する
早い決着を目指すことを心がけるべし

超大国でも、イラクやベトナムといった小国相手に、これほどまでに苦労するのだ。

◆ビジネスでの長期戦

これはどんな仕事にも言えることである。会社のプロジェクトにしても、早く終わらせなければ、時間に比例して人件費の負担が増えるのはもちろん、社員たちの士気にも影響する。

筆者はかつてゲーム業界で働いていたため、30人くらいの社員を動員して、8年間に及ぶ開発を行ったオンラインゲームを知っている。

結局そのプロジェクトは頓挫した。商用化に失敗し、1円の利益も生まなかった。

筆者はそのチームのオフィスに行ってみたことがあるが、社員たちはすっかり諦めた様子で、勤務時間内に外に出てお茶をしたり煙草を吸ったりして日々を過ごしていた。**会社のプリンターで他社に送るための履歴書を出力している者までいた。**

この有様を見れば、長くだらだらと続く仕事が会社の存亡にすら関わることが分かるだろう。長期戦が続くと、このようになるのだ。

コラム
其の弐

孫子の実践者、武田信玄

武田信玄（晴信）は甲斐国守護・信虎の嫡子として生を受ける。家は第 56 代清和天皇の流れをくむ名門であった。

そんな信玄が『孫子』を学んだのは、母・大井の方が招いた岐秀元伯和尚からであるといわれている。一流の家に生まれ一流の学問を修めた信玄だったが父・信虎とはすこぶる仲が悪かった。

1541 年に父と対立の末、これを駿河に追放して実権を握ると、所領を信濃に拡大。これによって宿敵・上杉謙信と所領が接することになる。5 回に亘る「川中島の戦い」の始まりである。

特に 4 回目の戦いでは、両軍合わせて 3 万 5000 人に達する大軍が八幡原に集結した。妻女山に陣取った上杉勢と対峙した武田勢。業を煮やした信玄は軍を 2 つに分け、一方を妻女山の後方に回し、さらに一方で山を下ってくる上杉勢を迎え撃つ挟撃策（啄木鳥の戦法）に出るが、見破った上杉勢は本隊を急襲、血みどろの大激戦となる。結局勝負は痛み分け。「敵は分散させ、味方は密集させる（「虚実篇」）」はずが、自ら味方を分散させてしまった信玄。この時は『孫子』の教えが頭になかったのかもしれない。その後、信玄は上洛戦の途上に死去。武田家は滅亡への道を辿る。「風林火山」は「軍争篇」からの引用だが、信玄が特に『孫子』から強く影響を受けたのは「用間篇」の情報活動である。

彼は「三ツ者」と呼ばれる隠密集団を結成したり、身寄りのない少女を引き取って忍びの術を教え込み「歩き巫女」として放つなど、全国に広大な情報収集網を構築した。山国の甲斐にいながらにして、全国を行脚したかの如き事情通ぶりに、人は信玄を「足長坊主」と呼んで恐れたという。

武田 信玄
1521 年～ 1573 年（享年 53）
甲斐国の要害山城で生まれる。
名前は晴信。甲斐源氏の嫡流を継いでいる超エリートである。

Ultra Translated Sunzi

第3章
ムダのない戦いの進め方

ムダのない
戦いの
進め方
その1

正奇の移り変わりは尽きることがない

「正」と「奇」は四季の如し

超訳

戦は、「正」（定石）を用いて敵と合戦し、状況に応じた「奇」（奇手）で打ち破るのである。「奇」を巧みに操る軍の戦略は、天地のように極まることがなく、大河の水のように尽きることもない。これはまるで繰り返し明暗が訪れる日月のようでもあり、終わったと思えばまた始まる四季のようでもある。

【勢篇】

◆王道と邪道

「正」は**「定石」**とか**「基礎的事項」**、「奇」は**「奇手」**や**「バリエーション」**と解釈することができる。もっと分りやすい例にしてみよう。

マイケル・ジャクソンのムーンウォークを想起して頂きたい。

彼は抜群に優れた歌手であるが、そのパフォーマンスはダンスと切り離して語ることはできない。

彼が美声のみを売りにした歌手であったら「スリラー」は全世界で1億枚を超えるヒットになっただろうか。

マイケルにとっての「奇」はダンスであったが、美声という「正」と併せて、彼の代名詞となった。

しかし、現代の歌手にとって、もはやダンスは「奇」とまでは言えない。それは、マイケルの圧倒的な成功によって、「歌って踊れる」ことが「正」となったからに他な

POINT

難しいのは、昨日の奇手が今日の定石となるのが現代社会だということ。常にイノベーションを重ねる必要があるのだ。

定石と奇策を使い分けよ

定石のみ：相手に対応されてしまいやすい
奇策のみ：狙いを見破られれば失敗する

そこで……

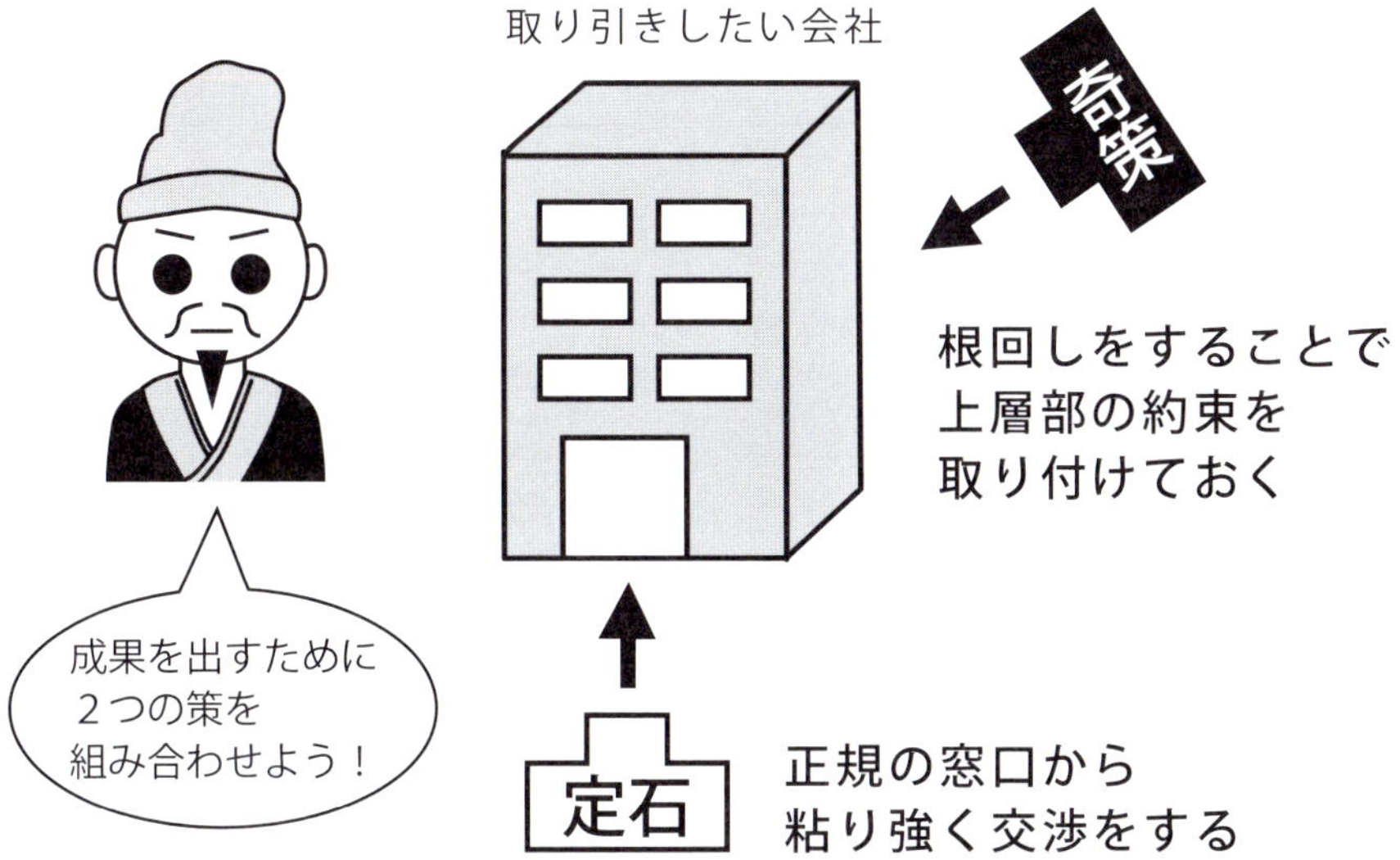
取り引きしたい会社
奇策
根回しをすることで
上層部の約束を
取り付けておく
成果を出すために
２つの策を
組み合わせよう！
定石
正規の窓口から
粘り強く交渉をする

常に変化するビジネスに対応するには「正攻法」と「奇策」を組み合わせるべし

らない。

◆奇手もやがては定石になる

そのマイケルが「先生」と呼び慕っていたのがソニーの創業者のひとり、盛田昭夫だ。

世界初のトランジスタテレビ、そしてウォークマンと世界的なヒットを飛ばし続けた大企業家だ。

彼の言葉に**「自分を開発し、発展していくためには、他人と同じ考え、同じ行動をしてはならない」**というものがある。

まさに、どの会社よりも早く新しいこと（奇）に取り組む「ソニースピリット」を体現する言葉だ。

だが、巨大化した同社はやがて技術革新で遅れをとるようになり、２０１２年３月期には５２００億円の赤字を計上するまでに凋落した。

かつてのソニー（奇）を手本（正）とした他国の企業が追いつき、追い越していったのだ。

「正」が「奇」を生み、「奇」が「正」を生む。

これを「奇正相生」といい、だから戦略の世界には終わりがないのである。

ムダのない戦いの進め方 その2

用兵の原則

自分が何者なのか見極めよ

超訳

用兵の原則は、次のようである。
高い丘にいる敵を攻めてはいけない。
険しい地勢の所には長く留まらない。
丘を背にして攻めてくる敵は迎え撃ってはならない。
退却に偽装した挑発には乗ってはならない
士気が高い敵に攻めかかってはいけない。
敵の囮を追いかけてはならない。
母国に撤退していく敵軍を追撃してはいけない。
敵を包囲したら、必ず逃げ道を開けておく。
窮地に立たされた敵を圧迫してはならない。

【九変篇】

この原則は「弱者の戦略」「強者の戦略」「騙されないこと」の3つに分類できる。

1・弱者の戦略

弱者の戦略の原則は、有利な状況に置かれている敵とは戦わないことである。「高い丘にいる敵」「丘を背にしている敵」「士気が高い敵」は全て、自分より有利な敵である。

勝算の低い戦いをするのがダメなのは、計篇からも学んだ一般常識であるだろう。

2・強者の戦略

強者の戦略の原則は、敵に逃げ道を開けておき、やる気を削ぐことである。「母国に撤退していく敵」「包囲された敵」「窮地に立たされた敵」に対しては、確かにこちらが有利ではあるが、これを圧迫すると必死に抵抗してくる可能性がある。

POINT

自軍の立場によって、「絶対にやってはいけないこと」がある。敵の心理を考えれば、どれも納得するものばかりだ。

戦いでやってはいけないこと

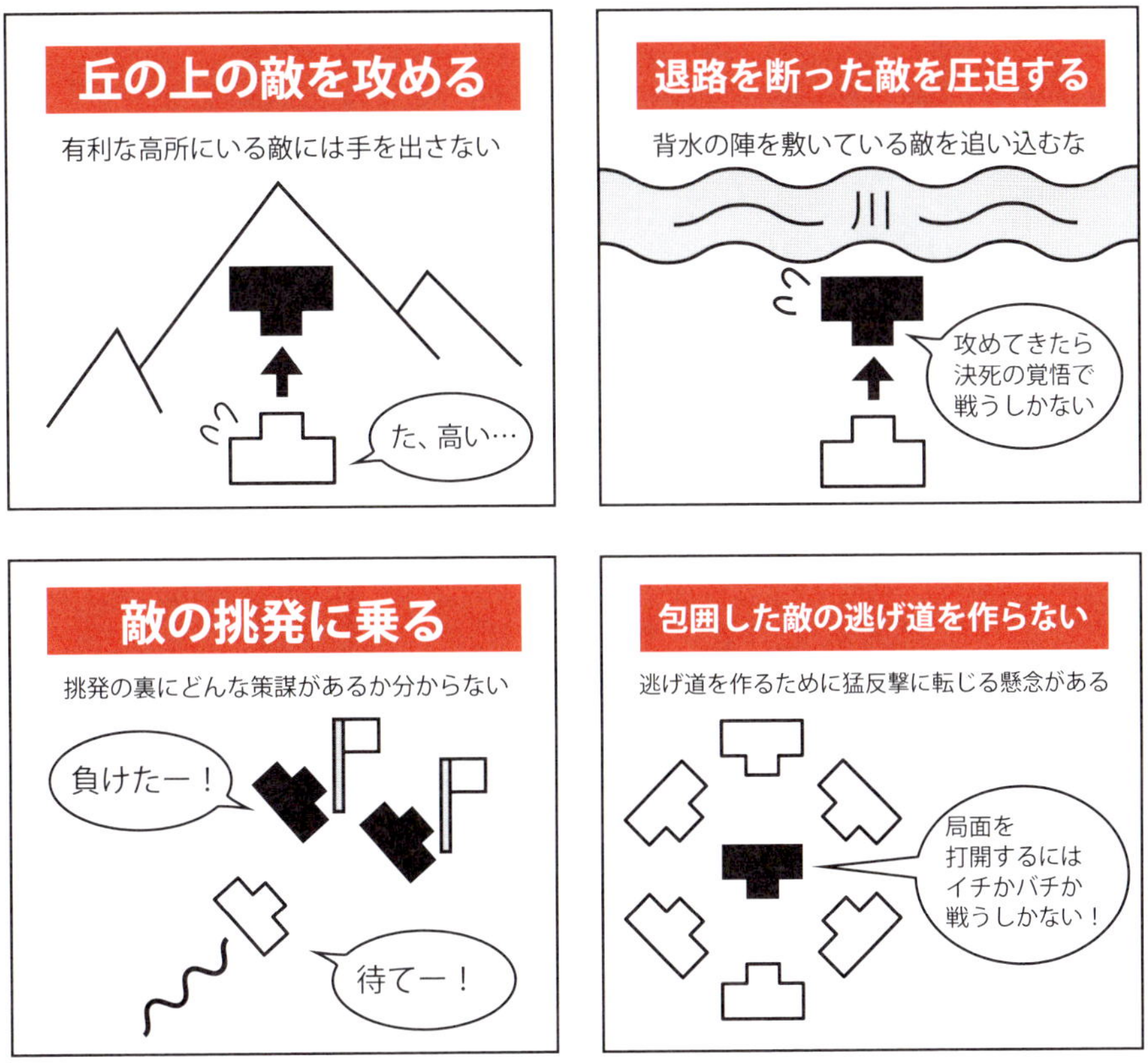

丘の上の敵を攻める
有利な高所にいる敵には手を出さない
た、高い…
退路を断った敵を圧迫する
背水の陣を敷いている敵を追い込むな
川
攻めてきたら決死の覚悟で戦うしかない
敵の挑発に乗る
挑発の裏にどんな策謀があるか分からない
負けたー！
待てー！
包囲した敵の逃げ道を作らない
逃げ道を作るために猛反撃に転じる懸念がある
局面を打開するにはイチかバチか戦うしかない！

これらを避けることで勝率はグッと上がる

この戦略を逆手に取った名将もいる。

紀元前２０４年、中国の楚漢戦争において、漢の韓信は趙の陳余と井陘で激突した。自軍の10倍に及ぶ趙軍に対し、韓信はあえて河を背に布陣する「背水の陣」を敷いた。

逃げ道を失った漢軍は必死に戦って趙軍を退け、その隙に敵の城を韓信の別働隊が襲撃し、見事な勝利を収めた。彼はわざと自軍を窮地に追い込み、**「窮鼠猫を噛む」でいう窮鼠とした**のである。

3・騙されないこと

「無料のチーズはネズミ捕りの上だけにある」というロシアのことわざがある。利益に従うだけで、囮の可能性を考慮しない者は、いつかきっと敵に騙されるのだ。

戦いの基本はトリックで、敵に一度騙されるだけで形勢が一転することが、しばしばある。したがって騙されないことは弱者の時にも強者の時にも、常に守るべき原則なのである。「退却に偽装した挑発」「敵の囮」「険しい地勢」などは、全て罠である。

人生において、一生をかけて築いた財産を、詐欺で一瞬にして失う人がいる。戦場にも、日常にも罠は確実に存在する。嵌らないよう、気をつけることだ。

ムダのない戦いの進め方
その3

発想を変えることで敵を出し抜く

「迂直の計」を使いこなせ

超訳

戦争は全てが難しい仕事だが、中でも軍争（戦場における有利なポジションを先に制するための争い）ほど、難しいものはない。

軍争に巧みな将は、迂回したのにもかかわらず、直進してくる敵より早く目的地に到着することができる。

これは、自軍が迂回しても、利益で敵を誘い出して行軍を手間取らせ、敵より遅く出発しても先に要地を占領することができるからだ。

これを迂回を直進に変え、一見不利に見える作戦で利得を得る「迂直《うちょく》の計」という。

【軍争篇】

◆戦争で最も重要な争い

敵と戦う時は、実力も大切だが、有利な拠点を先に抑えるのはそれ以上に重要である。

例えば、どんなに優秀なスナイパーでも、四方が開いている平地で戦えば、ビルの上に隠れている下手くそなスナイパーに簡単にやられてしまうだろう。

だから実戦では、先に有利なポジションを獲るための競走が激烈なのである。

どんな戦場にも「ここを拠点にすれば勝てる！」という場所があるものだ。

そんな場所の情報を、こちらだけが知っている場合は密かにそこを占めれば良いが、大抵はこちらが欲しがる場所を、相手も欲しがっている。

本文で「全てが難しい仕事だが、その中でも軍争ほど難しいことはない」と言っているのは、こういうわけなのである。

では、どうすれば敵より先に、この場所を獲ることができるのか？

POINT

やみくもに直進するだけでは芸がない。敵をあざむき、注意を逸らすことで出発の遅れを逆転することが可能となる。

迂直の計を活用し、敵に先んじよ

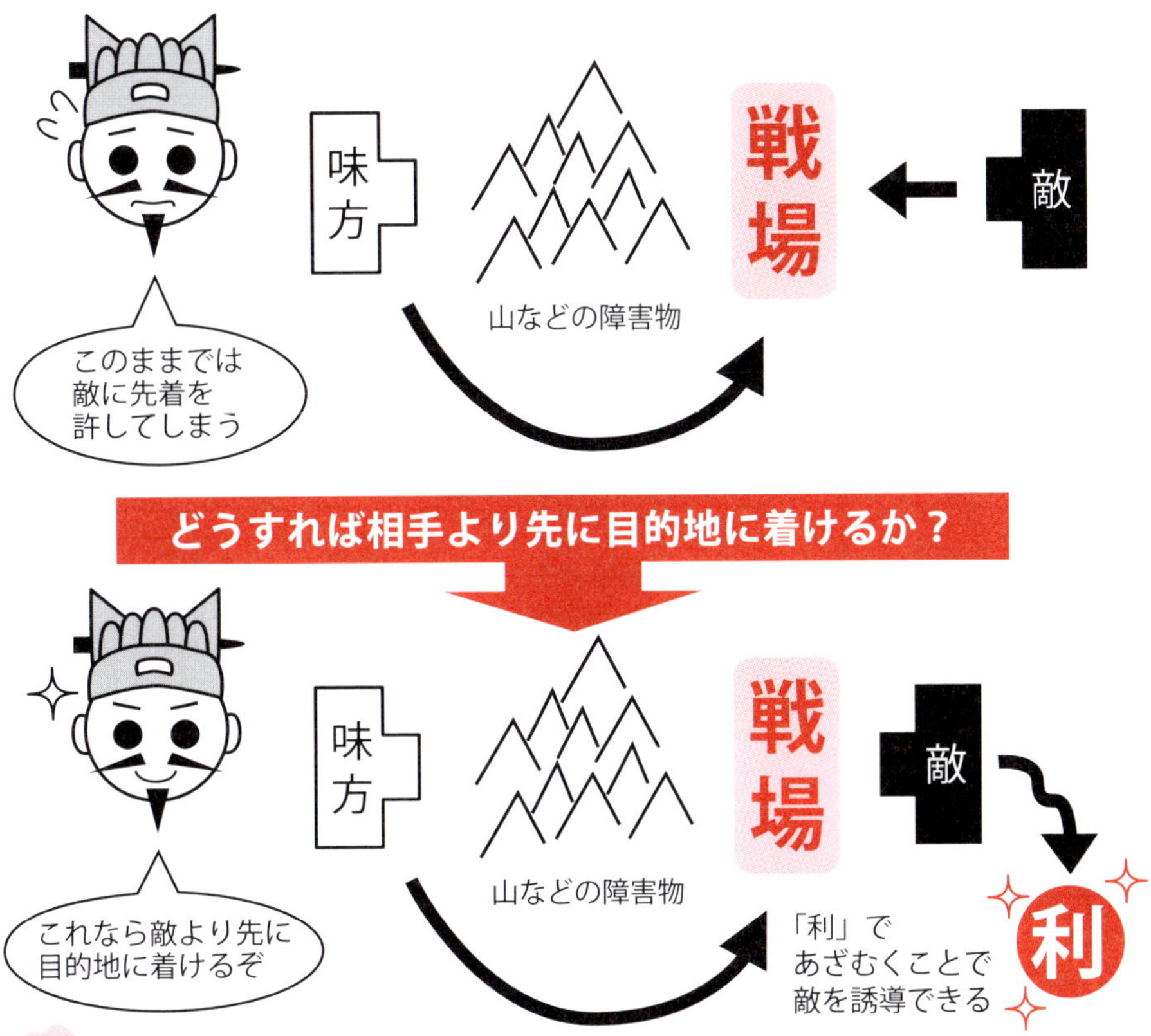
味方
山などの障害物
戦場
敵
このままでは
敵に先着を
許してしまう
どうすれば相手より先に目的地に着けるか？
味方
山などの障害物
戦場
敵
これなら敵より先に
目的地に着けるぞ
「利」で
あざむくことで
敵を誘導できる
利

戦争においてはポジション争いが何より大切
あらゆる策を用いて敵に先行すべし！

◆暗渡陳倉

『兵法三十六計』に「暗渡陳倉《あんとちんそう》」という故事が登場する。

これは紀元前206年、劉邦《りゅうほう》配下の韓信《かんしん》が、トリックを使って敵の章邯《しょうかん》より先に要衝・陳倉を奪った逸話だ。

韓信がいる蜀は険しい山に囲まれた国。ここから章邯のいる関中に攻め入るには、山道に掛けられた「蜀の桟道」を修理しなければならない。韓信は**わざと大人数で修理を開始**し、章邯を油断させた。

そして桟道とは**別の迂回路を密かに進んで**要衝の陳倉を急襲し、占領してしまった。「韓信は桟道を修理してから、自分のいる関中に攻め入るつもりだろう」と考えていた章邯は慌てて迎撃に向かったが後の祭りで、水攻めに遭って敗北してしまった。

日常生活で目的地に向かうには、当然直進が最も早い方法である。だが、こちらを邪魔する敵がいる状況では、直進が賢い方法とは限らない。

戦争の時、占めたい所に直進したら、こちらの意図が敵にバレて激烈な抵抗に遭うだろう。

こういう場合は**迂回して敵を欺く方が、直進より早くなる**のだ。

ムダのない戦いの進め方
その4

風林火山には続きがあった

疾きこと風の如く

超訳

戦争は敵を騙すことを基本として、
利益を優先して行動し、分散と集合で形を変える。
その過程において軍は、
風のように迅速に進み、
林のように息をひそめて待機し、
火のように攻撃し、
山のように動かず、
陰のように隠れ、
雷の如く激しく行動を起こすべきだ。

【軍争篇】

◆風林火山

このくだりは「風林火山」と呼ばれ、武田信玄が旗印に引用していたことで知られている。もっとも、この通称自体は後世の造語で、小説家・井上靖が考案したと見られている。

四字熟語としての通称があまりにも有名になってしまったがために、「動かざること山の如し」に**本文のように続きがあることはあまり知られていない。**

さて、語呂の良さから『孫子』の中でも日本人に親しまれている本項だが、その真意を正しく理解している人は、驚くほど少ない。

「風林火山」のくだりが言いたいのは、「どんな軍事行動を起こすにしろ、うやむやに動かず、目的に合わせて確実に、節度を持って臨め」

ということである。要するに**「行動のテキパキさ」**を強調した文であるのだ。

風林火山は6個あった!?

有名な4つの他に「陰」と「雷」がある

風
進む時は風の如く
林
待機する時は林の如く
火
攻めるときは火の如く
山
動かない時は山の如く
陰
隠れる時は陰の如く
雷
行動は雷の如く激しく!

有名な風林火山で説いているのは テキパキ行動することの重要性

POINT

「風林火山」は、それぞれの行動の方法を記したものではなく、動きと動きの間の「メリハリ」を強調しているのだ。

◆ネコ科の動き

この動きを具体的にイメージするには、ライオンや猫の行動を想像すればいい。

筆者の愛猫バンビちゃんはバリニーズという種類の長毛のシャム猫である。

バンビが生まれて8ヶ月が過ぎた頃、家の中にハエが入ってきた。バンビは生まれて初めて見る、その小さな獲物に意識を集中した。

ハンターの本能に目覚めたバンビは全ての動きを止めて、山のようになって窓際のハエを観察し始めた（山）。そしてハエが窓ガラスに止まったのを見て、林のように静かに接近した（林）。再び山のようにハエを凝視していたバンビは、隙と見るや疾風の速さでハエを襲った（風）。ハエはかろうじて逃れたが、バンビは執拗な連続攻撃を繰り出し（火）、ついに捕まえてしまった。

幸いバンビはハエを食べることなく逃がしたが、動物の狩りを観察していると「風林火山」が何を表しているのか実感することができる。**兵法の本質は自然界の先祖の戦略と同じ**であり、動物たちはそれを本能で知っているのだ。

できることなら、我々の日々の仕事もこのようにありたいものだ。

ムダのない戦いの進め方 その5

行軍のトレードオフ

こちらを立てればあちらが立たず

超訳

軍が移動するにあたっては、全ての部隊が同時に動けば行軍速度が下がり、敵に遅れをとる危険がある。
かといって、個々の部隊が別々に行軍すると、輸送隊が遅れて孤立してしまう。
では、全軍が重い鎧を外して、昼も夜も休まず、通常の倍速での強行軍を続けるとどうなるか？
強健な兵が先に着き、そうでない兵は遅れてしまい、先鋒の部隊が戦力不足になって完敗するだろう。
このように、戦場に素早く進軍することと、戦力の欠損は表裏一体であり、そのトレードオフをよく考慮しなければならない。

【軍争篇】

◆トレードオフ

どんな仕事にも言えるように、軍の行軍にもトレードオフがある。足並みを揃えれば速度が落ちるし、速度を上げれば補給の問題が生じる。

1184年の治承・寿永の乱、いわゆる源平の戦いの中でも特に有名なのが「一の谷の合戦」である。

『平家物語』によると、源氏方の源義経は数十騎で平家本陣裏手の断崖絶壁に達すると、試しに2頭の馬を追い落とした。そして1頭は無事に駆け下り、1頭が足を挫いたのを見て「皆の者、駆け下りよ」と叫ぶや、自ら馬を進めた。

2頭に1頭の割合で足を挫くとすれば、駆け下りた時には相当数の味方が減っていることになる。しかし義経は、このトレードオフにおいて、**奇襲をかけるメリットの方が大きい**と瞬時に判断したのである。

POINT

どんな行動にも長所と短所の両面がある。リーダーに求められるのは、長短所を認識したうえでの適切な決断である。

部隊の編成に見るトレードオフ

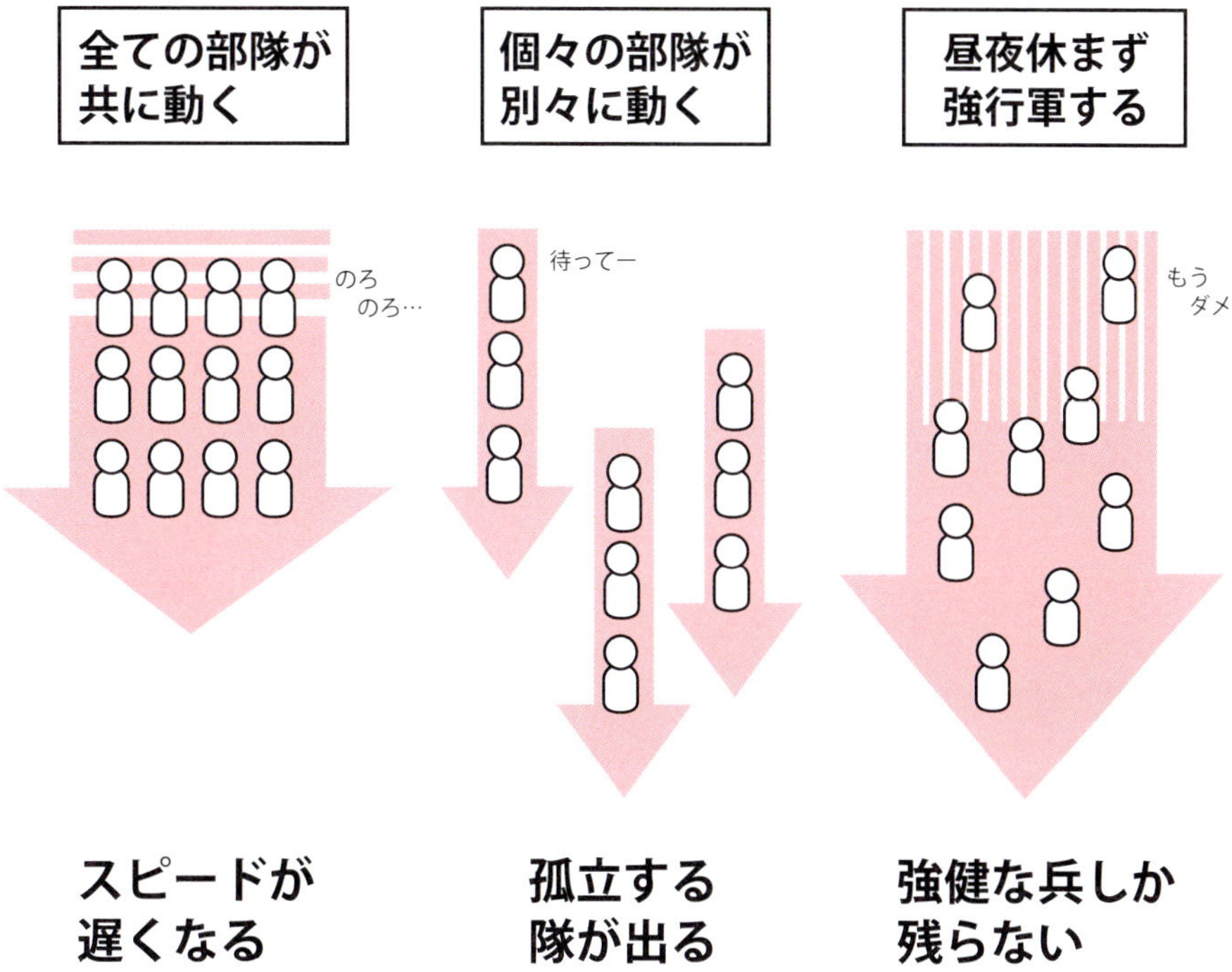

全ての部隊が共に動く
個々の部隊が別々に動く
昼夜休まず強行軍する
のろのろ…
待ってー
もうダメ…
スピードが遅くなる
孤立する隊が出る
強健な兵しか残らない

どのようなやり方にも一長一短がある
最も適した手法を模索することが大切

◆克服にはたゆまぬ努力が必要

会社でも似たことが起きる。例えば社員A、Bがいたとする。Aは在庫の情報を管理する仕事を任され、Bはその作業を効率化する在庫管理ソフトを作らされたとする。ソフトの完成には5ヶ月ぐらいかかる。

Aは、その5ヶ月間、ノートで在庫の情報を管理した。計算は電卓でして、ノートに書く、臨時のシステムを構築したのだ。

5ヶ月が経って、Bは在庫管理ソフトを完成させた。だが、**Aは今更それを使いたくない。**仕事はもうノートで事足りているし、今まで手作業で記録した数字を改めて入力するのは面倒だ。

このケースは、本文の個々の部隊が別々に行軍して輸送部隊が遅れてしまう場合だ。この場合は次のような方法を使えば良い。

まず、Bは暫定的に使えるシンプルなシステムをAに提供し、Aがそれを使って仕事をする間に、完全なシステムを構築する。システムが完成できたら、Aのデータファイルを載せる。

このように、行軍のトレードオフを克服するためには、対応策を常に研究しなければならないのだ。

ムダのない戦いの進め方 その6

人を動かす3要素

敵国を操る方法

超訳

諸侯を屈服させるには、こちらと戦うことが、どれほどの損害（害）を生むかを説けばいい。諸侯を使役したいのであれば、辛い仕事（業）を作り、苦労させる。諸侯を協力させたいのなら、一緒に得られる利益（利）を見せて、協力させるのだ。

【九変篇】

1．害を利用した事例

2010年、尖閣諸島沖で違法操業を行っていた中国の漁船船長が、日本の海上保安庁に逮捕された。中国は日本に対するレアアース輸出を中断することをちらつかせ、彼を無条件釈放することを要求した。

レアアースは、世界の生産量の98％が中国で採掘されるため、輸出が中断されるのは日本にとって大きなダメージになる。**中国は相手を「害」で脅すことで、交渉を優位に進めた**のである。

2．業を利用した事例

テロ組織、アル・カイーダは欧米諸国の正規軍に比べれば、数も装備もとんでもなく貧弱であるが「テロの脅威」という唯一の武器を使って、先進諸国をおびやかしている。2010年、アル・カイーダがヨーロッパで無差別テロをする予定だという情報が

POINT

用心深い敵も、理由があれば動かざるをえない。その理由をうまく与えてあげるのが、右の3要素である。

敵を動かすには３つの方法がある

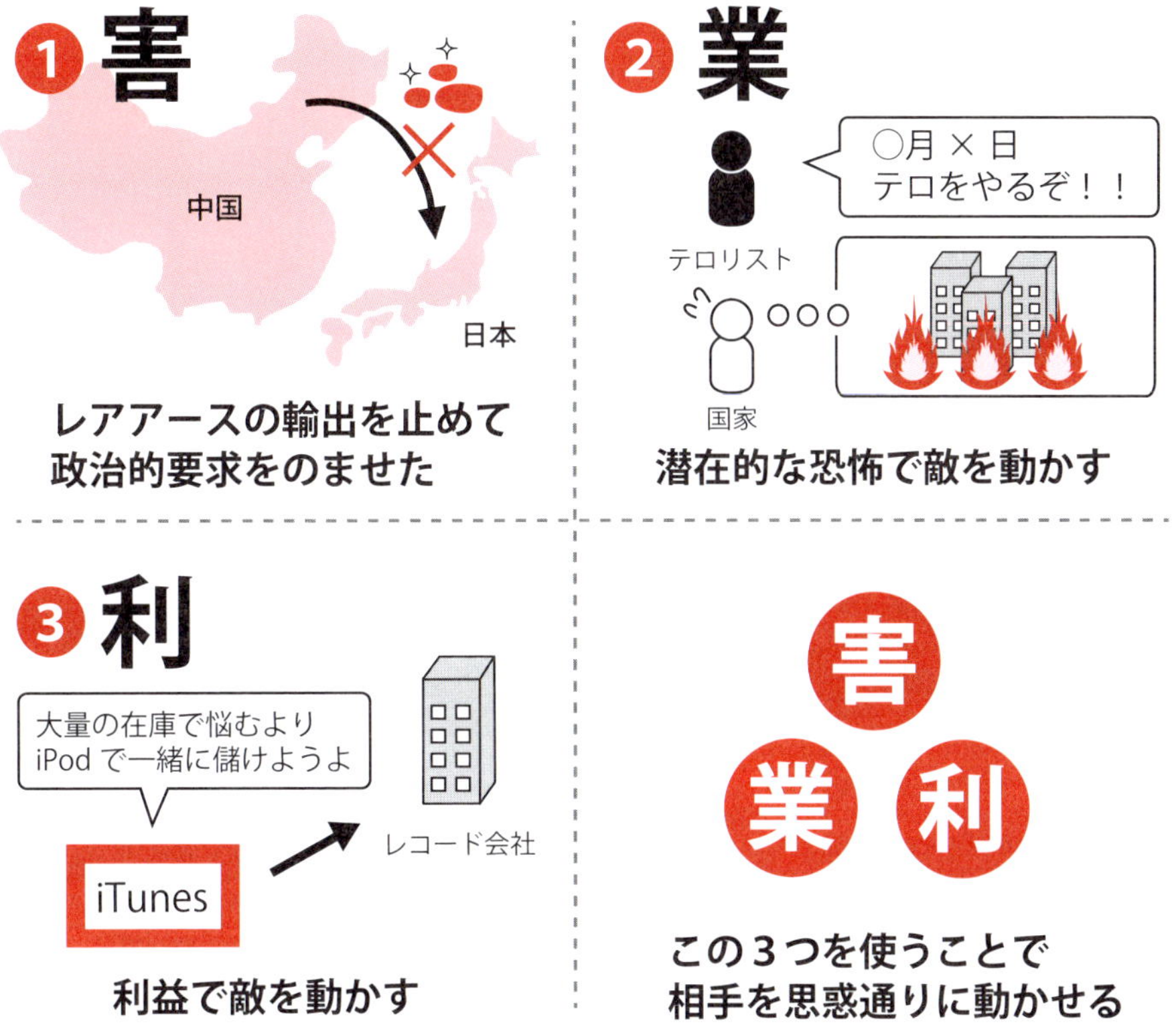

1 害
中国
日本
レアアースの輸出を止めて
政治的要求をのませた
2 業
○月×日
テロをやるぞ！！
テロリスト
国家
潜在的な恐怖で敵を動かす
3 利
大量の在庫で悩むより
iPod で一緒に儲けようよ
iTunes
レコード会社
利益で敵を動かす
害
業
利
この３つを使うことで
相手を思惑通りに動かせる

最も効果的な方法を選び敵を操ること

流れただけで、諸国は恐怖に襲われたのだ。

テロは、実際に起こさなくても、予告するだけで敵に「業」を作る効果がある。**「辛い仕事（業）を作り、苦労させる」**とは、ずばりこのようなことである。

3・利を利用した事例

2000年以前には音楽ビジネスの経験がなかったアップルが、今ではiTunes Storeでアメリカで最も大きい音楽販売会社になっている。

ストアをオープンするにあたって、スティーブ・ジョブズは各大手レコード会社を協力させるために「利」を利用した。

「君たち、MP3の普及でCDの売り上げが下がっているだろう？　私に協力すれば、MP3を販売してすぐに売り上げは回復するよ。このiPod、見なよ。かっこいいだろう？　私たちに協力して損はないよ。CDを生産する必要もないし、後は私たちが全部任せてくれれば良いんだ」

サインひとつだけで経営の実績が上がる良い条件を断るCEOはいないだろう。

iTunes Music Storeのビジネスは、**相手を協力させるために、「利」を利用した**巧みな事例である。

ムダのない戦いの進め方
その7

勢いと節目

入念な準備と実行のタイミングが成功をもたらす

超訳

激しい水の流れが、岩石すら押し流すのは勢いがあるからである。
狩りをする鷹が、獲物の骨を打ち砕くほどの一撃を加えることができるのは、節目を心得ているからである。
名将の戦は、その勢い激しく、節目を間違えない。
「勢い」とは、ちょうど石弓を目一杯引き絞るようで、「節目」とはその手を放す時のようである。

【勢篇】

◆正しい時間の使い方

読者の多くが経験されたと思うが、同じ時間内で仕事をしていても、期間をフルに使ってコツコツ働くよりは、**入念な準備をした後、残った短い時間で素早く仕上げた方が、仕事がうまくいく**ことが多い。

『ロジャー・ラビット』で有名なアニメーション監督、リチャード・ウィリアムスは、キャラクターデザインをする時、ラフ画を描くようなことは一切せずに、数ヶ月かけて集めた資料をイメージボードに貼って眺めてばかりいた。

ある日、プロデューサーが「リチャードは何をやってるんだ。絵の一枚も完成していないじゃないか」と言い出す頃、一気に「ベビー・ハーマン」という面白いキャラクターを完成させてみせた。

3ヶ月間コツコツとひとつのデザインを作りあげるより、一定期間をリサーチに使い、然る後に一気に仕上げた方が良いのだ。

POINT

見切り発車でダラダラと仕事をするのではなく、入念な準備をして、適切なタイミングで一気に終わらせるのだ。

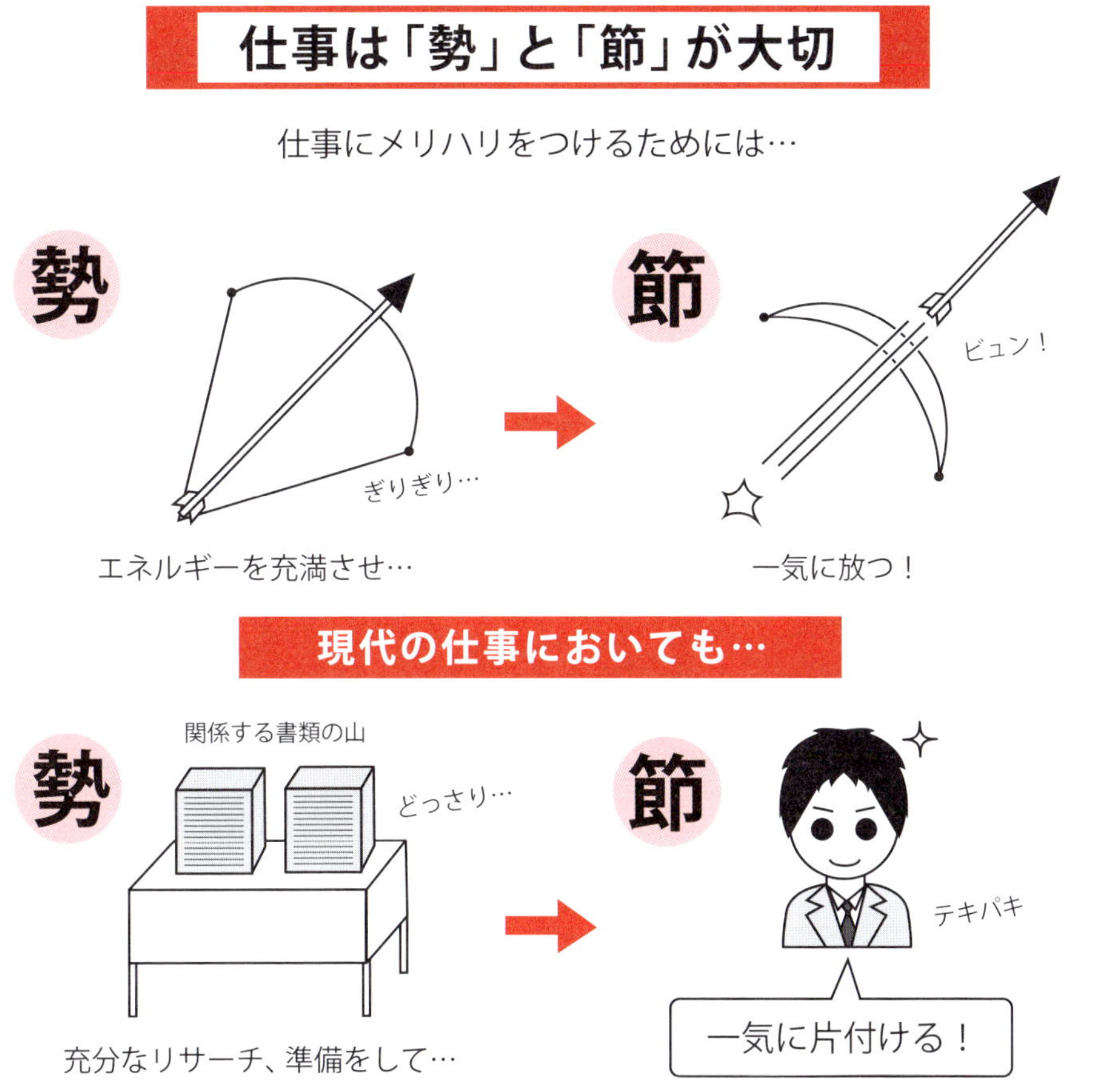
仕事は「勢」と「節」が大切
仕事にメリハリをつけるためには…
勢
ぎりぎり…
エネルギーを充満させ…
節
ビュン！
一気に放つ！
現代の仕事においても…
勢
関係する書類の山
どっさり…
充分なリサーチ、準備をして…
節
テキパキ
一気に片付ける！

だらだらと仕事をしても効率が悪い！
弓をひくように準備し放つように終わらせよう

◆始皇帝暗殺

こんな逸話がある。

春秋戦国時代、燕《えん》国の太子・丹《たん》は、勢力の伸長著しい秦《しん》を脅威に感じ、**秦王（後の始皇帝）の暗殺を目論んでいた。**実行者として賢者から推薦されたのが荊軻《けいか》という男で、読書と剣術を好む豪傑だった。

丹は彼を上卿《しょうけい》（貴族）として厚く遇したが、いつまで経っても行動を起こそうとしない。そうこうしている間に2年が経ち、近隣の趙国までが秦に滅ぼされてしまった。

痺れを切らした丹が荊軻に詰め寄ると、彼は「**私はこの時を狙った計画を立てていたのです。**秦王の側に近付くには理由がなければいけません。今なら燕が秦に跪く絶好の機会です。『燕が秦に領土を差し出したいと申し出た』と聞けば、きっと謁見が許されるに違いありません」と答えた。

目論見通り、喜んだ秦王は謁見を許可し、使者には荊軻が選ばれたのだった。

結果的に暗殺は失敗してしまったが、荊軻は始皇帝に匕首を突きつけるほどに接近し、時の最高権力者の心胆を寒からしめたのだった。

荊軻は「勢い（計画）」を用意し、「節目（趙の滅亡）」で勝負をかけたのである。

ムダのない戦いの進め方 その8

戦場では性格も命取りになる

将が陥りやすい5つの危機

超訳

戦場には、将軍にとって5つの危険がある。
これを、「五危」と呼ぶ。

1・決死の覚悟で、勇敢に戦い過ぎると戦死しやすい
2・生き延びることばかり考えると捕虜にされやすい
3・せっかちな気質だと、敵に挑発されやすい
4・清廉潔白で気位が高いと、敵に恥辱を受けやすい
5・兵を愛し過ぎると苦労させられる

軍が全滅し将が敗死するのは、
全てこの5つの危険のいずれかが原因であるから、
気をつけなければならない。

【九変篇】

「五危」は、将にとっての落とし穴を説いているが、これには現代の我々も耳を傾ける価値がある。

1・勇敢に戦い過ぎると戦死する

世界の歴史の中で、勇ましい兵が死を恐れず戦った結果、全滅してしまった事例は枚挙にいとまがない。
名誉のために戦った彼らの逸話は、現代の我々にも感動を与えるが、兵法の側面から見れば、勝ち目のない局面では退却するのが正しい。死んでは何もできないからだ。

2・臆病者は敵の奴隷になりやすい

弱者が強者の奴隷になるのは、強者がする最初の小さな要求を断れずに、それを呑んでしまうことで始まる場合が多い。
そうならないためには「この場合は許さない」という確実な原則を持って、必要な時には「必死で戦う意思」を見せなければならないのだ。

POINT
戦時でなければ立派な人格者も、戦いとなればその性格を利用されて丸裸にされてしまう。常に危険と隣合わせなのだ。

リーダーが気をつけるべき「五危」

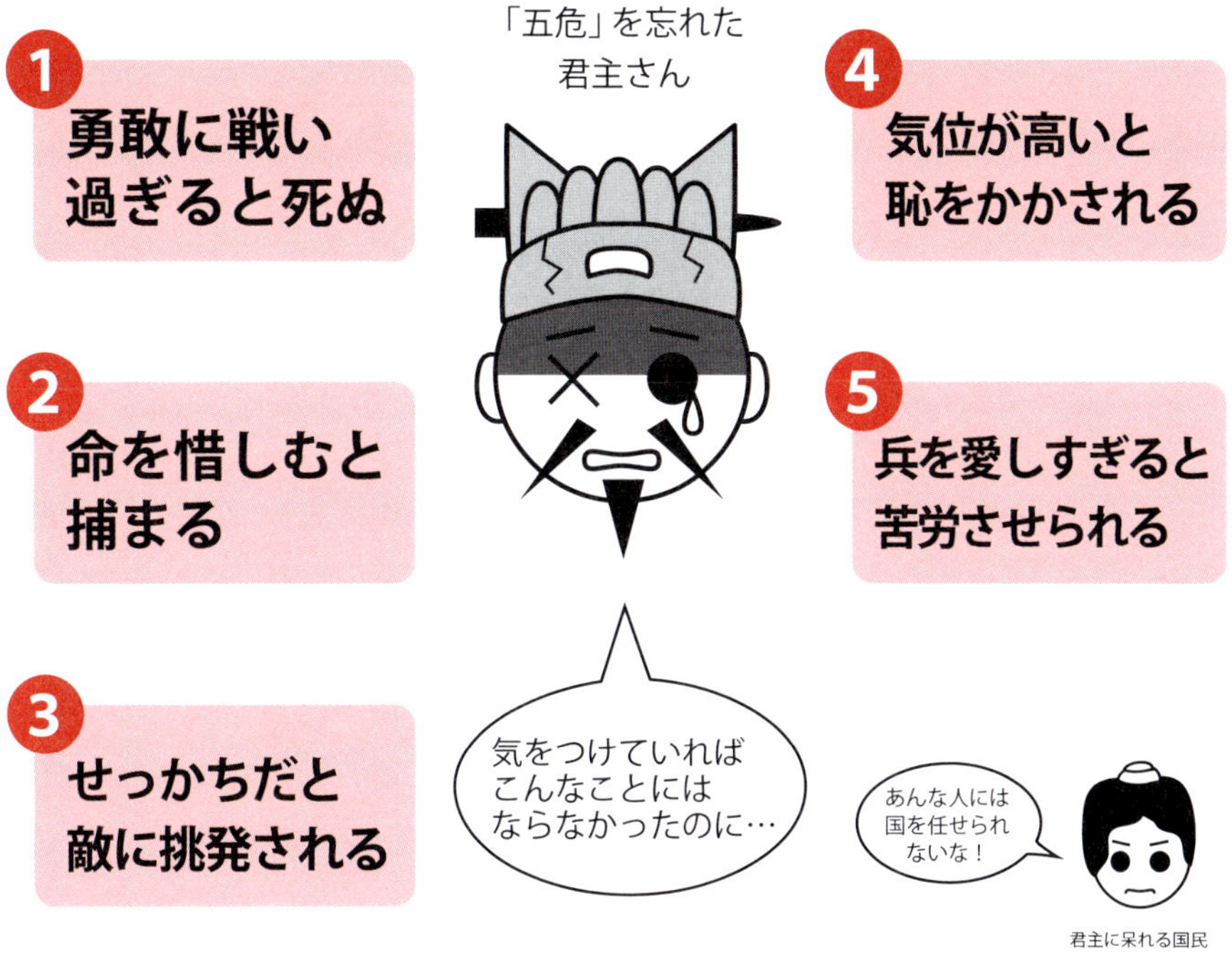
1 勇敢に戦い過ぎると死ぬ
2 命を惜しむと捕まる
3 せっかちだと敵に挑発される
4 気位が高いと恥をかかされる
5 兵を愛しすぎると苦労させられる
「五危」を忘れた君主さん
気をつけていればこんなことにはならなかったのに…
あんな人には国を任せられないな！
君主に呆れる国民

「五危」を避けることで自然と勝利が近付く　リーダーは常に危機管理に気を配ること

3・短気だと敵に挑発されやすい

古代ローマの軍人ミヌキウスは、とても短気で好戦的な性格であった。これを察知したカルタゴのハンニバルは、囮部隊を編成してミヌキウスを誘《おび》き寄せた。

血気にはやる彼は、囮と知らず進撃したが伏兵に襲撃されて大敗してしまったのであった。「せっかちな者は挑発されやすい」ことを如実に表す故事である。

4・気位が高いと恥をかかされる

本文では「恥辱を受けやすい」と書かれているが、これは性格を利用した心理作戦に陥ることを意味している。恥をかくだけではなく、全軍を危険に晒すことになるのだ。

5・部下を愛し過ぎると苦労する

日露戦争において、日本は朝鮮半島の旅順港に、ロシア海軍を封じ込める「旅順港閉塞作戦」を実行した。

危険な小型船での湾口潜入作戦の指揮を執ったのは広瀬武夫少佐。彼は船から撤退する時、部下の杉野孫七がボートにいないことを発見するや、船に戻って三度に亘り捜索を行った。

結局、杉野は見つからず、広瀬も撤退中に敵弾の直撃を受けて戦死してしまった。

コラム
其の参

スティーブ・ジョブズと『孫子』

2011年、惜しまれつつも肝臓がんのため亡くなったアップル創業者、スティーブ・ジョブズ。

スティーブ・ウォズニアックと共にコンピュータ「Apple」シリーズで大成功を収めたのが、その輝かしい企業家人生の始まりだった。「人格に問題がある」として自分の会社を追い出された後もNeXTでOSを開発するなど精力的に活動し、復帰した後は仇敵Microsoftとの提携、Mac OS Xへの統一、携帯音楽プレーヤー、携帯電話、音楽配信事業への進出を次々と断行し、アップルを時価総額世界一の企業に成長させた天才経営者であった。

彼の事跡を紐解くと、『孫子』の精神と通ずるところが多々見られる。

例えば「九変篇」における「害を利用して相手を動かす（60頁）」というくだりだ。

ジョブズが会長をしていたアニメーション会社、ピクサーは、もともと『スター・ウォーズ』の監督、ジョージ・ルーカスが設立した会社である。1983年、離婚裁判で莫大な慰謝料が必要だったルーカスは、ピクサーを早く売りたい状況だった。同社を訪問して、その可能性に着目したジョブズは安値の買収に成功した。相手の置かれている状況を利用して、自分の利益としたのである。

「虚実篇」における「自らの戦力を集中させる（8頁）」という部分もそうだ。自社製品の規格を次々に統合して、生産性の向上とブランディングを同時に成し遂げてみせた。

『孫子』全体を貫く「現実主義に基づき、主導権を渡さない」という哲学。ジョブズもまた、これと似た信念を持っていたようだ。

スティーブ・ジョブズ
1955～2011年
アメリカ、カリフォルニア州
もとはジョブズ姓ではなく、シリア人の子。養子縁組でジョブズとなった。

Ultra Translated Sunzi!

第4章

隅々まで血が通う組織運営

隅々まで
血が通う
組織運営
その1

個人の能力には限界がある

システムで勝負せよ

超訳

安定している時にも、混乱の芽がある。
勇敢な振る舞いの中にも、臆病な心がある。
剛強の中にこそ、軟弱さはある。
つまり個人とはどこまでいっても、弱い存在なのである。
治まるか、乱れるかは、
兵たちをどう組織するかによって決まる。
勇敢になるか、臆病になるかは、「勢」
つまり全軍が作っている態勢によって決まる。
強くなるか、弱くなるかは、「形」
つまり組織全体の構成によって決まる。

【勢篇】

◆トップシェアのチョーク会社

東京・大田区の日本理化学工業は、チョークなどの文房具を生産する企業である。

この会社は、チョークの分野で日本トップのシェアを誇っているが、特異な点は**社員の70％が知的障がい者だということだ。**

一般的には、知的障がい者が社員だと仕事が進まないと思われる。しかし日本理化学工業は問題なく製品を生産している。

チョーク工場では、材料を配合する作業が多いのだが、障がい者たちは文字を読むことができず、容器の中の材料を区別することもできないし、時計が読めないので時間を計ることもできない。

さらに配合する時も「重さ」という概念を理解することができないという。

一体、日本理化学工業は、**どうやって彼らを雇用し、成果をあげているのだろうか？**

POINT

人の弱さ、強さはしょせん不安定。組織の力は個人の能力ではなく、組織をどう構成するかによって決まる。

システムは個人の力を超える

なんだかうまく
いかないなぁ…
これでは力を
発揮できない
強い兵と弱い兵が
交ざって戦っていては
能力を発揮しきれない

そこで……隊列の再編成！

これなら
戦いやすいぞ！
思う存分
腕を振るわせて
もらおう！
精鋭部隊を作って
先頭に立たせるほうが
効率的だ！

個人の力を活かすも殺すもシステム次第

◆システムで克服

それは、チョークの材料の容器を名称ではなく、赤や青といった、色で区別したからだ。

文字を読む代わりに、色で材料を区別するようにしたのだ。

重さを量る時にも、天秤の分銅を色で区別した。材料を配合している間の時間を計るのには砂時計を使った。

このように、**システムで個人の能力を克服**して、問題なく製品を生産しているのである。

会社では部下がミスをした時、その人に問題があったということで叱られるのが常である。

だが、個人を責めるより、システムの欠陥を見つけて改善することでミスがなくなるかもしれない。

日本理化学工業の大山泰弘会長も、最初から知的障がい者を雇用したのではない。偶然、養護学校の教師から頼まれて2人の少女を雇ったのがきっかけだそうだ。

彼女らの労働に対するひたむきな姿勢に胸を打たれ、それ以来「障がい者雇用」と「利益の創出」を両立すべく、前述したような工夫を凝らしてきたのだ。

隅々まで血が通う組織運営
その2

現代版「アメ」と「ムチ」

文と武を使い分けろ

超訳

兵が将に親しんでいないうちに懲罰を行うと、彼らは心服しないので働きにくい。
逆に、兵が将に親しんでから罰を与えないのは、彼らの増長を招き、動かせなくなる。
だから将は文（説得し、礼儀を尽くし、恩徳を与える）で兵を心服させ、武（号令・刑罰）で統制すれば、それは必勝の軍になるのだ。
また、軍規が平時もよく守られている環境で兵に命令すると、彼らは服従するが、逆であれば服従しない。
軍規が平時から守られているのは、将が兵たちの信頼を得て、心がぴったりひとつになっているのである。**【行軍篇】**

◆部下の使い方

会社で部下を統率するスタイルについて考えてみよう。

「武」だけで部下を抑えつける上司は常に厳しく、遅刻すると罰を与えたり、結果が気に入らないと書類を投げながら怒鳴ったりするだろう。社員たちを常に監視して恐怖政治を敷く。

このようなやり方は、一時的には効果を発揮するかもしれないが、長期的には良いわけがない。社員たちは統制されて働くことに慣れてしまい、意欲が低下して**自主性の欠片もない社員になってしまう。**

「文」だけを使う上司は、いつも部下に甘く、遅刻しても罰を与えないし、結果が気に入らなくとも怒らないし、仕事を部下に任せて自由に処理させる。

こうなると、結果が悪くても上司が怒らないことに甘えて、**適当に働いてしまう社員がでてくる。**

POINT

アメだけでは怠惰な社員を生んでしまうし、ムチだけでは自主性のない「指示待ち社員」が増えてしまう。両立が大事なのだ。

アメとムチで組織を統制せよ

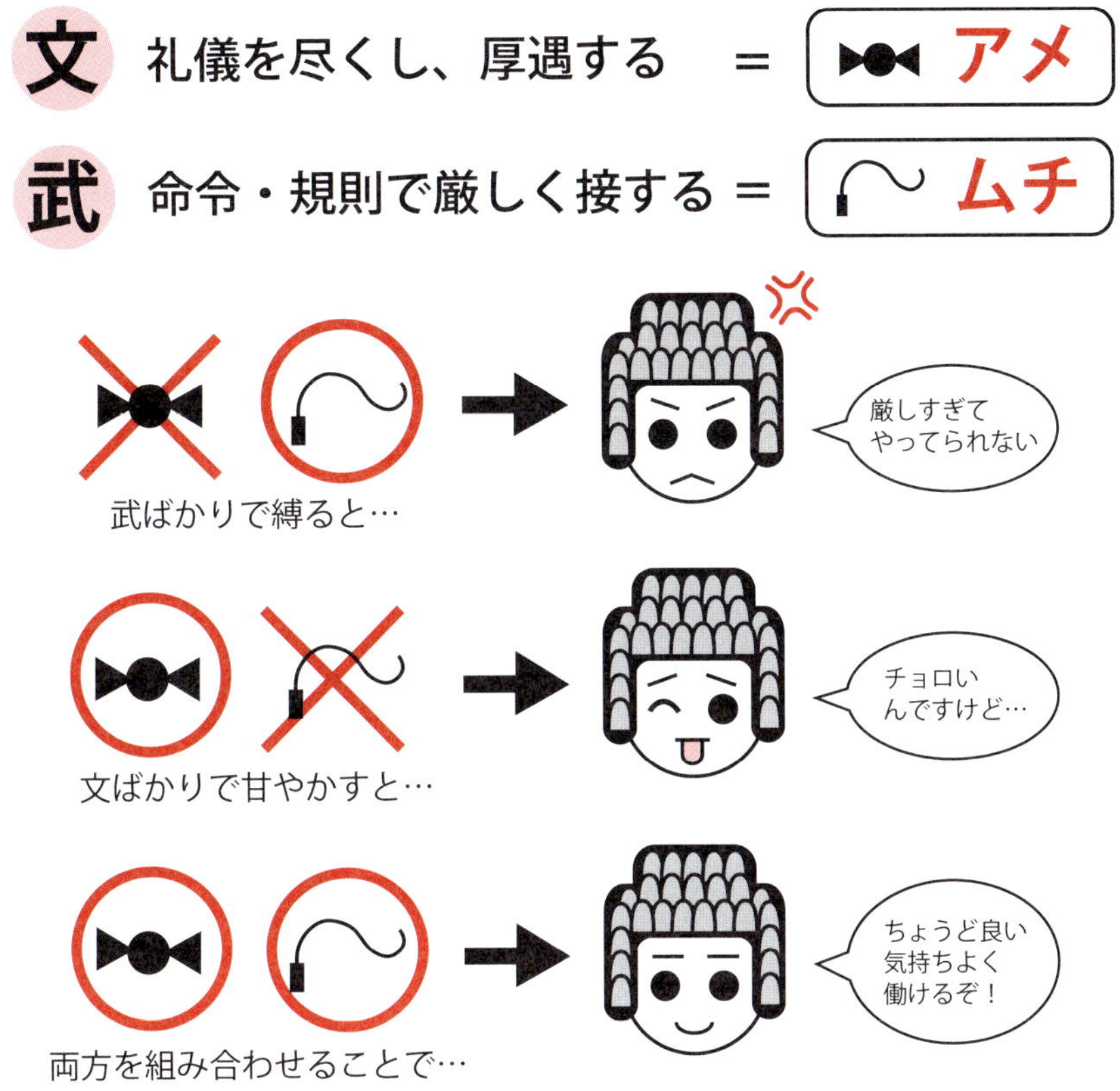
文　礼儀を尽くし、厚遇する ＝ アメ
武　命令・規則で厳しく接する ＝ ムチ
武ばかりで縛ると…
厳しすぎてやってられない
文ばかりで甘やかすと…
チョロいんですけど…
両方を組み合わせることで…
ちょうど良い気持ちよく働けるぞ！

同時に使うことで待遇にメリハリが出る

したがって、「武」と「文」を同時に使う方法が最も良いのである。社員が仕事にやり甲斐を感じるように、教育や福祉、インセンティブなどに投資する一方、結果が気に入らない時ははっきり批判して、上司の指導の通りにやり直すことを命令するのだ。

◆ローマ軍の統制法

それを、とても巧みに使ったのが古代ローマ軍である。ローマ軍は、指揮官を失っても兵士たちが自分のミッションを最後まで果たすことができるほど、よく訓練された最強の軍隊だった。

ローマ軍の掟は、恩賞はたっぷりと、そして罰は過酷に与えるというものだった。戦闘が終わると、全ての兵士たちは広場に集められ、**賞をもらう人の名前が朗読された。**戦功が多い兵士には驚くほどの褒美が与えられ、それが終わると今度は処罰が始まる。戦闘で背信行為を働いたり、味方に被害を与えた兵士は、皆が見ている前で侮辱されたり、給料を削減されたりした。最悪の場合は、**死ぬまで殴られた**という。

破格の恩賞（文）と、恐怖のリーダーシップ（武）によって、ローマ軍は最強の軍隊となったのであった。

隅々まで血が通う組織運営
その3

知らないことには口を出すな

君主が犯しやすい3つのミス

超訳

将は、国家の補佐役である。補佐役と君主の結束にヒビが入れば、国家は弱体化する。そこで、君主が軍事について注意しなければいけないことが3つある。

1つに、軍が進んではいけないことを知らずに進撃を命じ、逆に引いてはならぬところで退却を命令すること。これでは軍は猿ぐつわを噛まされているようなものだ。

2つに、君主が軍の事情を知らぬまま軍事行政に干渉すること。これでは将士は当惑するばかりである。

3つに、軍のシステムを理解せずに、人事に口を出すこと。これは兵が疑いを持つ原因となる。

将兵の混乱と疑心暗鬼は、他国に攻め込む隙を与えることになり、勝ちを手放すことになってしまう。


【謀攻篇】

◆慎むべきは現場干渉

この部分は「君主が犯しやすい3つのミス」が列挙されているが、この3つに共通する要点は「軍の現場の実務をよく知らない君主が、軍の仕事に干渉してはいけない」ということである。

戦国時代の行く末を決定づけた1600年の関ヶ原の戦いでのことだ。合戦前、西軍の指導者である石田三成に対し、九州の大名であり百戦錬磨の猛将・島津義弘が東軍の徳川家康に対する夜襲を献策する。

曰く「**西軍は各地の諸大名の寄せ集め**であり、正面から東軍と戦うには不安が残る。また、**家康の軍の中にはまだ到着していない部隊**があり、夜襲をかけることでその隙を突くことができる」(『落穂集』)

三成はその策を却下し、正面から東軍と対峙することになった。結果は御存知の通り、寄せ集めの西軍から裏切り者が続出し、三成は捕らえられて処刑されてしまった。

POINT

現場のことは現場の人間が一番よく分かっているもの。余計なトップダウンは組織の士気の低下に繋がりかねない。

リーダーがしてはいけない３つのこと

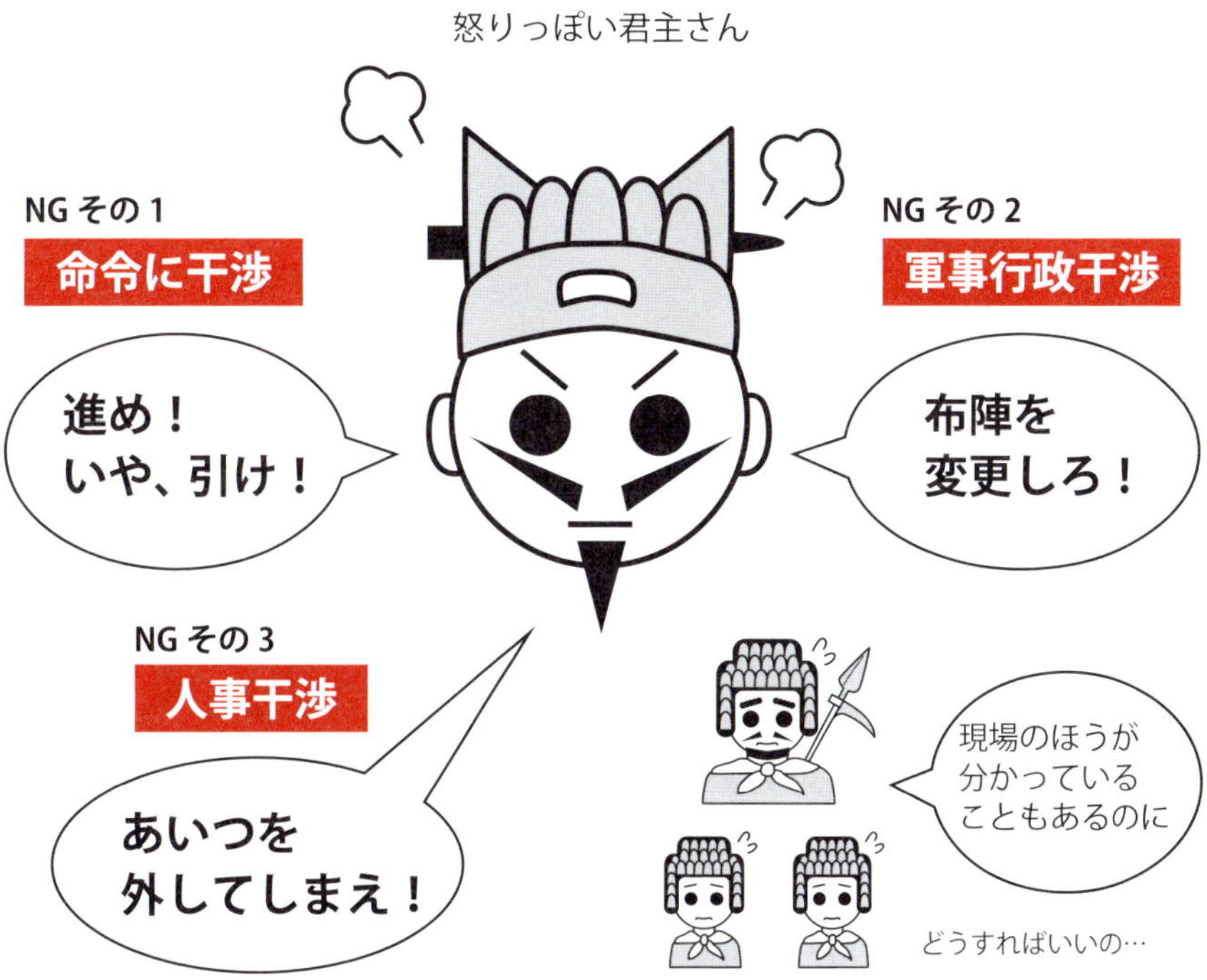
怒りっぽい君主さん
NG その１
命令に干渉
進め！
いや、引け！
NG その２
軍事行政干渉
布陣を
変更しろ！
NG その３
人事干渉
あいつを
外してしまえ！
現場のほうが
分かっている
こともあるのに
どうすればいいの…

現場を尊重しない的はずれなトップダウンが組織をダメにする

もし三成が軍の事情に通じた義弘の意見を採用していれば、結果も少しは違ったものになったかもしれない。

◆映画制作の現場

映画制作を例にとってみよう。映画会社が監督を雇って映画を作る場合、会社のプロデューサーが監督に色々と干渉するものだ。だが、映画の内容について最もよく分かっているのは監督だから、干渉が改善に繋がらず、「改悪」になることも多い。

「この部分には濡れ場を入れなさい。一ヶ所くらいは刺激的なシーンが必要ですから」

とプロデューサーが言っても、

「作品の性質上、こんなところに濡れ場なんて全然合わないじゃないか」

監督はこう思うという具合だ。

このような時には、会社は最大限、監督の決定を尊重すべきである。

映画の権利も命令する立場も、会社の側にある。しかし、過度な干渉は、**信頼できる監督を雇うことに失敗した、と自ら告白しているようなもの**だ。

会社でも社長より実務者である部下の方が、仕事の実態をよく分かっているケースが多い。

隅々まで
血が通う
組織運営
その4

中間管理職が心得るべきこと

時には命令に背くことも可

超訳

敵情を把握することで勝機をつかみ、戦場に応じて作戦をたてるのが将の仕事である。だから、勝ち目のある時に君主が撤退を命じた場合は、背いて戦うのが正しく、逆に見通しが悪い作戦を命じられた時は、戦わないのが正しいのだ。

功名を求めず、罪人になることも厭わずに、兵の保護と主君の利益のために働ける将は国家の宝である。

そして、将が兵を治めるうえで、兵を我が子のようにいたわれば、彼らは深い谷底にも共に進撃するようになるし、生死を共にすることも厭わなくなる。

とはいえ、寛大に接するだけでは仕事にならないし、ワガママな子どものようなもので、役に立たない。【地形篇】

◆上司にNOと言えるか

このくだりでは、上司と部下の関係について、注意すべきことを説いているから、今のサラリーマンたちにも有効だ。

まず、上との関係で重要なのは、上司にNOと言える態度である。

例えば、日本のあるロックバンドに米国人のドラマーが入ったとしよう。

もともと彼の仕事はドラムの演奏だけだが、リーダーが書いた歌詞の英語がめちゃくちゃであることを発見する。

それを指摘すると、役割を超えた越権行為ということでリーダーと仲が悪くなる危険がある。黙っていても給料は出るし、人間関係も円滑なままだ。一体、彼はどうすれば良いのだろうか。

このような場合、最善の方法は、**正直にそれを口に出す**ことだ。

そのリーダーの気質によっては怒るかもしれないが、結果的にそのバンドは、完璧

POINT

上司には「何が組織にとって利益になるか」を考えて臨み、部下に対しては愛と厳格さで臨もう。

状況によっては上司にNOと言うべき

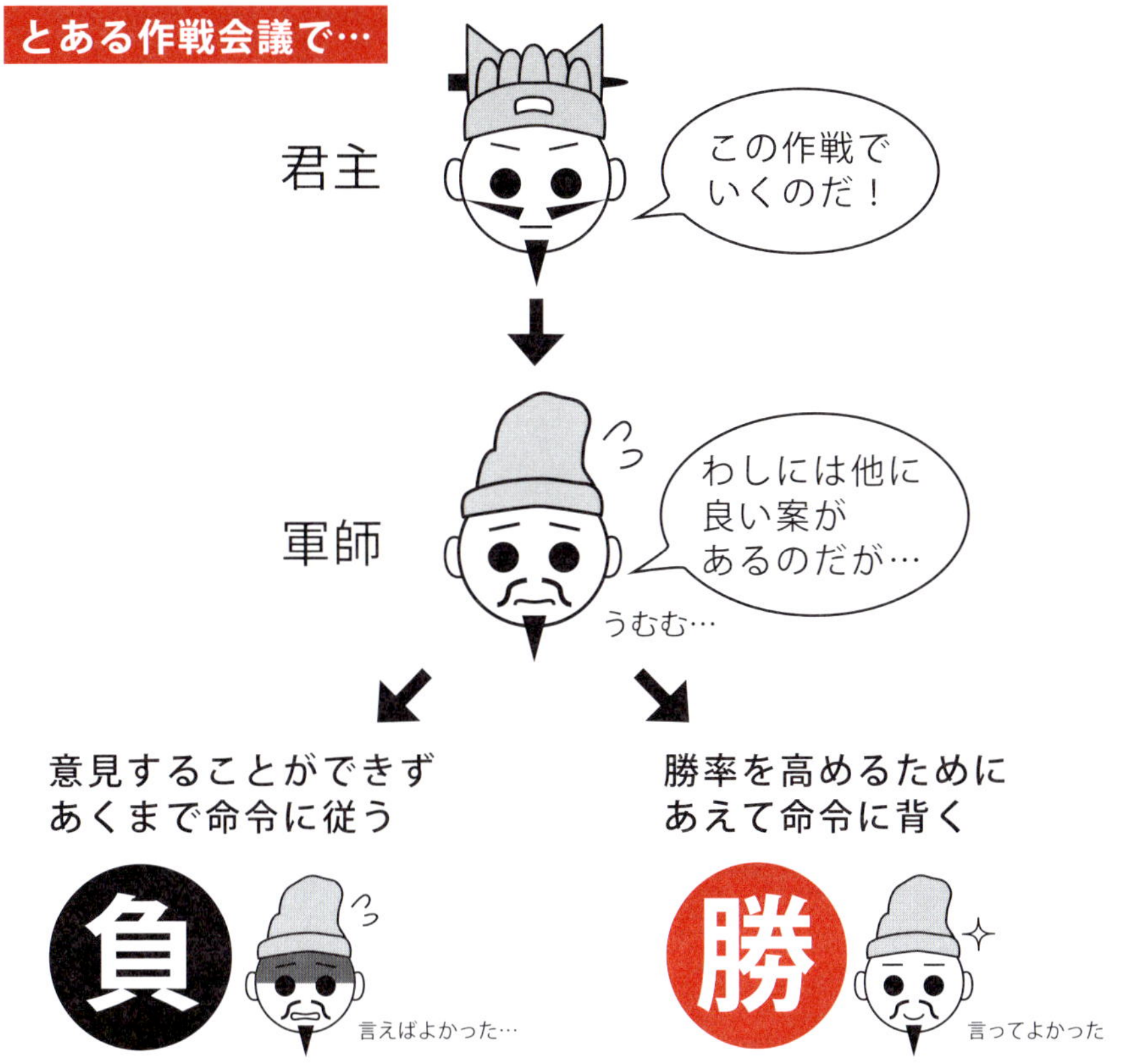
とある作戦会議で…
君主
この作戦で
いくのだ！
軍師
わしには他に
良い案が
あるのだが…
うむむ…
意見することができず
あくまで命令に従う
勝率を高めるために
あえて命令に背く
負
言えばよかった…
勝
言ってよかった

勝利のためには命令に従わないことも大切

な英語歌詞を作ることができる。

上司が常に正しいとは限らないのだから、ある程度の越権行為は組織のためにも必要で、お互いの仕事を完璧にする肯定的な面もあるのだ。

◆アメとムチ

下との関係で重要なのは、厳格さと愛である。

ただ愛するばかりでは、部下がわがままになる。厳格さが欠けている愛は、戦場では無用なのだ。

しかし罰だけでは部下の心を動かすことはできない。**矛盾しているようだが、厳格なリーダーシップに必須なものは、愛である**のだ。

例えば、昔気質な職人の弟子は、ミスを犯したら師匠から体罰を食らうこともしばしばだ。

だが、もし師匠が本当に弟子を愛しており、彼を立派な専門家に育てたい一心で殴ったら、弟子も納得して頑張るだろう。しかし弟子と親方の信頼関係がないまま殴られたら、それはただの暴力に過ぎない。

このように、罰で統制するためには、愛がその前提条件になければならないのだ。

隅々まで血が通う組織運営 その5

組織の活力を高めるために

部下のやる気の引き出し方

超訳

敵国に進撃した場合は、より深く入り込んでいかなければならない。そこで物資を掠奪すれば軍の食糧も潤う。兵たちの腹を満たしよく休ませて力を蓄えるのだ。そして用兵する時には策を巡らし、逃げ道がない所に兵を投入すれば、彼らは強い覚悟で生命を懸けて戦う。そういう軍は将が統率するまでもなく自ら任務を果たし、お互いに協力し、規則を守る。さらに占いといった迷信の類を禁止することによって、兵たちは死ぬその時まで、余念を捨てることになる。

【九地篇】

◆兵士の体力は大切に

兵を勇ましく戦わせたければ、

1・兵たちの体力を高めて

2・逃げ道を奪え

ということが、ここでのポイントである。

会社における事例で考えてみよう。

筆者の知人のA君の会社では、上司がいつも部下たちを夜11時まで働かせ、時には徹夜もさせた。

職場のオフィスビルは、夜になると換気システムが停止される仕組みになっていて、そんな中、遅くまで働くのは健康・精神衛生の両面で負担となった。

A君はそのチームのエースだったが、あまりに無理して結核を発症した。結核は主に衛生状態の悪い後進国で発生するが、過剰なストレスも原因になる。A君は文字通り「血を吐くまで働いた」のである。このような会社の経営者は、**兵たちを余計な死地に追い込んで、体力を奪ってしまった**

POINT

戦争では兵士の体力を大切にしつつ、逃げ道は塞ぐことによって、団結した組織ができあがる。会社もそのようにしよう。

部下のやる気の引き出し方
のんびりしていると…
適当にこなすかぁ
いざとなったら
逃げればいいや
死地においては…
逃げ場はないし
もう、本気で
戦うしかない！
モチベーションを高めるために
時には部下を死地に追い込むことも必要
ビジネスにおいては…
「自分が死と隣り合わせであることを忘れるな！」
「必要でない 1000 のことにノーと言え！」
「ハングリーであれ！　馬鹿であれ！」
アップル社創設者
スティーブ・ジョブス

人は基本的に怠けたがる生き物である 怠けない状況を作りコントロールせよ

のである。

◆逃げ道は奪う

その反対のケースもある。

筆者の知人Bちゃんの会社では上司が寛大な性格で、部下が「この仕事、今週木曜日までで良いでしょうか？」と訊くと、「まあ、来週の月曜日までで良いけど……木曜日までにできれば持ってきて」という風に反応するのが常であった。

その結果、チームは木曜日までに終わらせることができる仕事を、のんびり来週月曜日までに仕上げる集団になってしまった。

仕事の期日をダラダラと引き延ばすチームは、どう考えても健全な組織ではない。この上司は寛大な人物などではなく、成功のための意欲がなく、自分の月給のことしか頭にない利己主義者である。

彼は充分過ぎる休息を兵＝社員に与えて「逃げ場を奪う」ことを忘れ、**無気力な組織を作り上げてしまった**のだ。

先に挙げた2つの条件はどちらも満たすことが大切で、どちらか一方が足りないだけで、兵は善く戦うことができなくなるのである。

隅々まで血が通う組織運営 その6

部隊編成で勝利する

大軍を手足のように操る方法

超訳

大勢の兵を率いても、まるで小隊を指揮しているかのように整然としているのは、部隊の適切な編成の賜物である。

大軍で戦闘をしても、少数の小競り合いのような指揮ができるのは旗などの視覚的信号や銅鑼などの聴覚的信号を適切に運用しているからである。

巧い組織編成をすれば、小隊を指揮するように、整然と大軍を率いることができる。

あたかも石を卵にぶつけるように、たやすく敵を叩き潰すことができるのは、万全な味方で敵のスキを突く「虚実」の運用がそうさせるのである。


【勢篇】

◆戦は「勢」で決まる

本項は、自分の軍の「勢」の作り方を問うている。

孫子の言う「勢」とは**組織の構成と体系**、そしてそれらを使ってできる全体の態勢を意味する。つまり、個人ではなく組織で勝負する全てが「勢」であるのだ。

我々には、昔の戦争というと大将と大将の華々しい一騎打ちが頭に思い浮かぶが、実際には兵士一人ひとりの強さではなく、この「勢」によって勝負が決まった。

しかし、混乱している戦場で、大勢の兵士を少人数を指揮しているかのように動かすのは、とても難しいことのように思える。

何しろ、兵士のほとんどは戦時以外は畑を耕している農民だから、敗色濃厚となれば慌てて逃げ出してしまう。

彼らを統制することが可能になるのがずばり**部隊の編成と命令体系の確立**だ。

POINT

組織編成を単純明快にすれば、構成員たちの混乱を防げるし、自在に分散・集合させることが可能になる。

モンゴル軍の組織編成に学ぶ

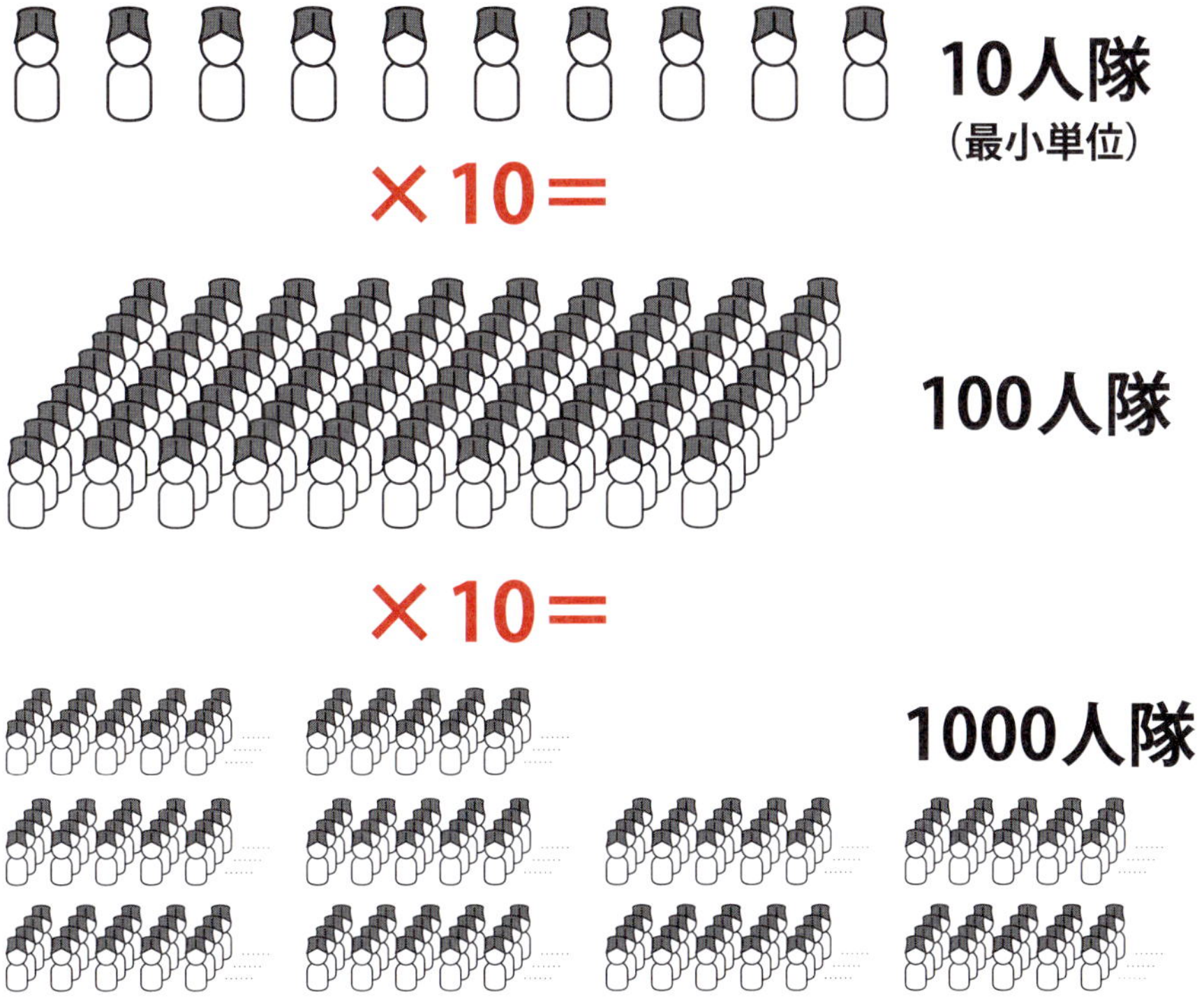

単純明快な編成にすることで隅々まで命令を行きわたらせることができた

◆モンゴル軍の部隊編成

これの良い事例は、中世に広大なモンゴル帝国を築いた、チンギス・カーンの組織編成に求めることができる。モンゴル軍は十進法で編成される、シンプルな方式を使っていた。

部隊の最小単位は10人だ。これを「10人隊」と呼び、これが10個集まって「100人隊」、さらにそれを10個集めて「1000人隊」、最大の単位が「万人隊」となる。

この**単純明快な編成**でカーン（部族の王）の命令を兵の一人ひとりにまで伝達させることができた。

戦の際は、3個の万人隊がひとつの部隊を形成し、戦闘となれば、その3個が左・右・中央でお互い協力して戦った。また彼らは**黒い旗と白い旗を使う信号で大規模な騎兵を縦横に動かした。**

太鼓、ラッパの音もなく、整然と押し寄せるモンゴル軍騎兵の攻撃は、敵を混乱させた。

このように、モンゴル軍は単純明快な部隊編成と、一糸乱れぬ命令体系があったため、敵に隙を見つけると、素早くそこに集中して攻撃することができたのである。

これぞ、強い組織の典型と言えよう。

隅々まで
血が通う
組織運営
その7

変化に対応する力

戦場でもオフィスでも、求められるものは同じ

超訳

九変の利（多様な変化）に対応する方法に詳しい将は、軍の扱い方をわきまえていると言うべきだが、そうでない将は、戦場の地形が分かっていたところで、それを利益とすることができない。
こういった将は特殊な戦場での戦い方を知っていても、兵を充分に活用することができない。

【九変篇】

◆多用な変化に対応する

「九変の利」とは、「多様な変化に対応する方法」を意味する。

いくら理論に詳しい人でも、現場の多様な変化に賢明に対応するためには、違うレベルの工夫を必要とする。

中国の春秋戦国時代の趙国に、趙奢《ちょうしょ》という名将がいた。彼の子、趙括《ちょうかつ》は父を凌ぐ天才で、兵法の議論においては負け知らずであった。にもかかわらず趙奢は**「決して息子に軍の指揮を任せぬように」**と固く遺言して逝った。

その後、趙括は周囲が反対する中、大国・秦国を迎撃する総大将を命じられる。

果たして趙括は秦の白起に散々に打ち破られ、なんと40万人に及ぶ兵を失って戦死した。なぜ天才がこんな目に遭うのだろう？

それは彼の兵法が机上の空論を基にしており、実際の**戦場の変化に臨機応変に対応する能力に欠けていた**からである。

POINT

過去の栄光にすがるのは簡単だが、それを捨てて変化に対応しなければ、組織は生き残ることができない。

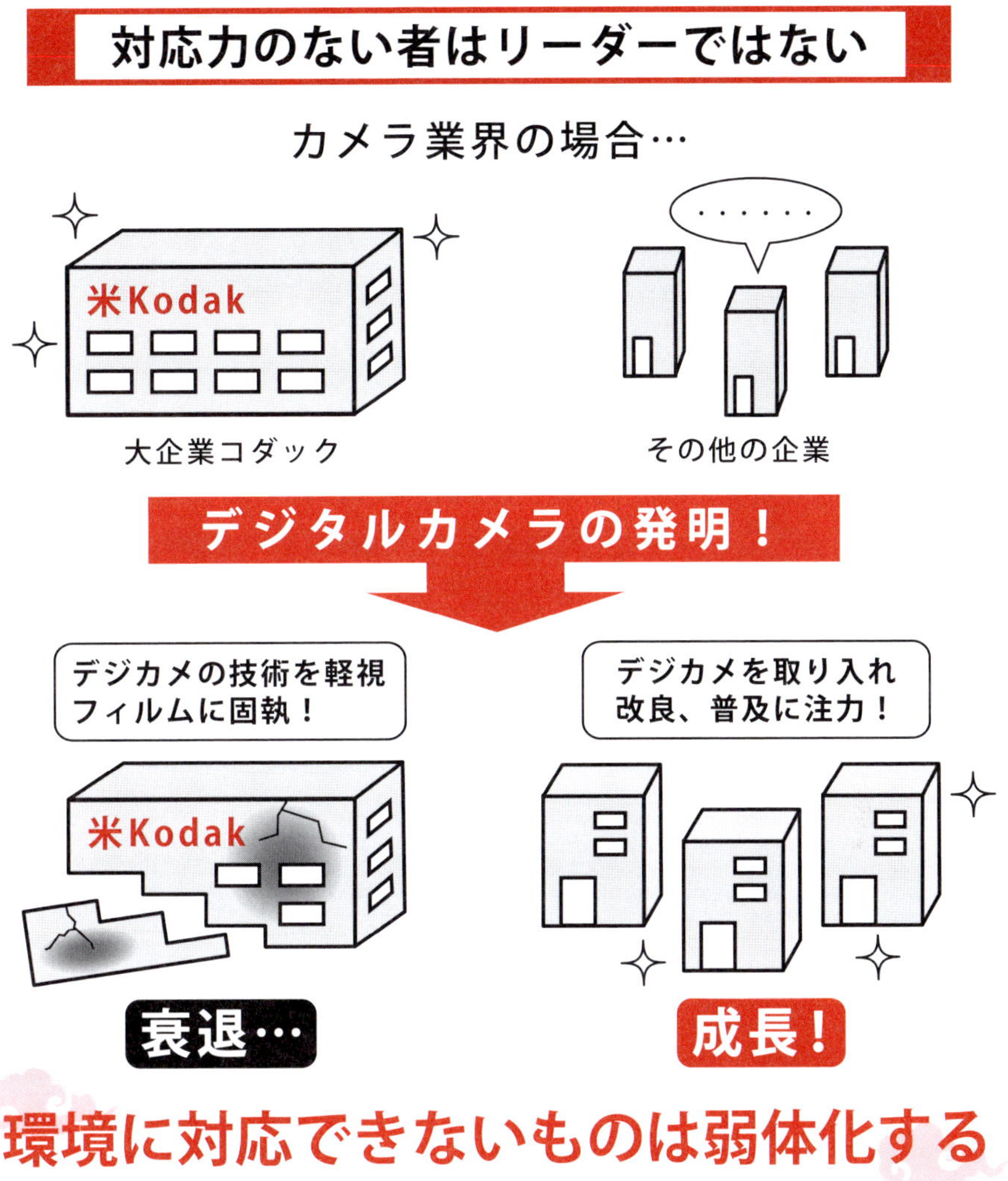
対応力のない者はリーダーではない
カメラ業界の場合…
米Kodak
大企業コダック
……
その他の企業
デジタルカメラの発明！
デジカメの技術を軽視
フィルムに固執！
デジカメを取り入れ
改良、普及に注力！
米Kodak
衰退…
成長！
環境に対応できないものは弱体化する

◆対応できなかったコダック

世界最大の写真用品メーカー・コダックは、フィルムカメラを発明し、長い間カメラ市場を独占した企業である。１９８４年には職員が14万５０００人に達し、米国の30大企業のひとつに数えられた。

だが、デジタルカメラが発明されても、その分野に投資せず、むしろフィルムカメラ事業を拡大するというミスを犯した。「フィルムカメラに比べればデジタルカメラなど玩具同然」という態度だったのだ。

もちろん、初期のデジタルカメラは解像度も低く実用に耐えなかったが、富士フィルムなどのライバル社は、その可能性に注目していた。

コダックの社内にも「デジタルカメラに移行しましょう」という意見がなかったはずがないが、それは**意図的に無視された。**

その結果、コダックは事業の縮小を余儀なくされ、数万人の職員をリストラして悪足掻きをしたが、結局２０１２年に破産した。

時代の変化への対応は、**過去の成功を多少なりとも裏切る**ことで達せられる。

時代の変化の風を感じる能力がない人物は、良いリーダーにはなれないのである。

コラム
其の四

曹操孟徳と『孫子』の深い関係

「治世の能臣、乱世の奸雄《かんゆう》」と称された曹操孟徳。初めは漢王朝に仕え、黄巾の乱の鎮圧に尽力する。後に王朝を見限り帰郷すると、そこで私財を投じて自らの勢力を旗揚げする。後に重臣となる曹仁《そうじん》、曹洪《そうこう》、夏侯惇《かこうとん》、夏侯淵《かこうえん》らが付き従っていた。

中原で力をつけた曹操は官渡の戦い（200）で宿敵の袁紹を破り、中国北部を一挙に制圧する。この時曹操は袁家が内部に抱える対立を巧みに利用して同士討ちを誘い、見事な勝利を収めている。『孫子』の「敵を知り、己を知れば百戦危うからず」の部分を実戦したものとして、本書でも紹介している。（32 頁）

その後、中国全土を統一すべく軍を発するが、劉備と孫権の連合軍に赤壁で破れ、ここに三国鼎立の時代が始まることになる。絶大な権力を持ちながらも帝位に就かず、漢の臣として生涯を終えた（死後、子の曹丕が魏帝となる）。

さて、現在の孫子の兵法は 13 篇に分かれているが、この形に編集したのは、実は曹操である。もともとの『孫子』も 13 篇であった（『史記』）が、曹操の時代に読まれていたものは孫武の死後に加筆が重ねられて 82 篇に膨れ上がっており、曹操はそれを取り除いて元の形に編纂し直したと思われるが、はっきりしない。

曹操は兵法だけではなく、文学・音楽にも通じていた。軍事に行政に多忙であった中、夜になると詩を詠み、それを音楽にのせて演奏したという。

エンターテインメントの世界では極悪非道の悪役として描かれることの多い曹操だが、その実像はあらゆる教養に通じた風流人だったようだ。

曹 操（そう そう）
155 年～ 220 年（享年 66）
沛国譙県で生まれる。
字は孟徳。祖父はもともと夏侯氏の出で、漢の名将・夏侯嬰の子孫。

Ultra Translated Sunzi

第5章
もう1つの戦い
情報戦

もう１つの戦い情報戦
その１

スパイに金を惜しむな
情報が戦いの明暗を分ける

超訳

大軍を起こして遠国に出征すると、国家・国民は莫大な負担を強いられる。

そして国内外が大騒ぎになり、道路が混雑し、国民は苦労し、農作業もできなくなる。

こうして敵と数年間対立して準備するのは、ただ一瞬の勝利のためである。もし将が、官職とお金がもったいないと思ってスパイを使わず、敵の情報が足りないが故に敗れるとすれば、とんでもないことである。

敵の情報は、占いをして鬼神から得られることでもないし、昔のデータから得られることでもないし、経験から得られることでもない。

敵の情報は必ず人から得なければならないのだ。【用間篇】

◆情報に飢えていた

昔の将は情報不足でいつも苦労していた。情報社会を生きている私たちは、インターネットなどで楽に情報を得ているが、当時の将軍たちは**地図も正確ではないし、正確な統計もないし、出版物もなかった**から正確な最新の情報を得る方法が滅多になかった。

情報は稀少、戦争は不安とくれば、将たちは自然と占いに頼るようになる。本文に「敵の情報は、占いをして鬼神から得られることでもない」と書かれているのは、そういった将たちを戒めているのだ。それから時が経って21世紀になったが、未だに進歩していない人がいる。現代の我々の中にさえ、大事な決断をする時に理性的な判断より、運否天賦に頼る人がいるのである。

普段、数十円を節約するために遠くのスーパーマーケットまで出向く人が、数千万、数億円の投資の判断を無根拠な直感に頼っ

POINT

確かに情報を得るにはお金がかかるが、その金を惜しんで敗れた時の損害は、はるかにそれをしのぐということだ。

戦う前には情報収集が欠かせない

戦争をすると……

- 道路が混雑する
- 農作業ができなくなる
- 莫大なお金がかかる
- 国内外が大騒ぎになる
- 時間とともに国が疲弊していく

失敗は許されない！

そこで……

スパイを送り込む

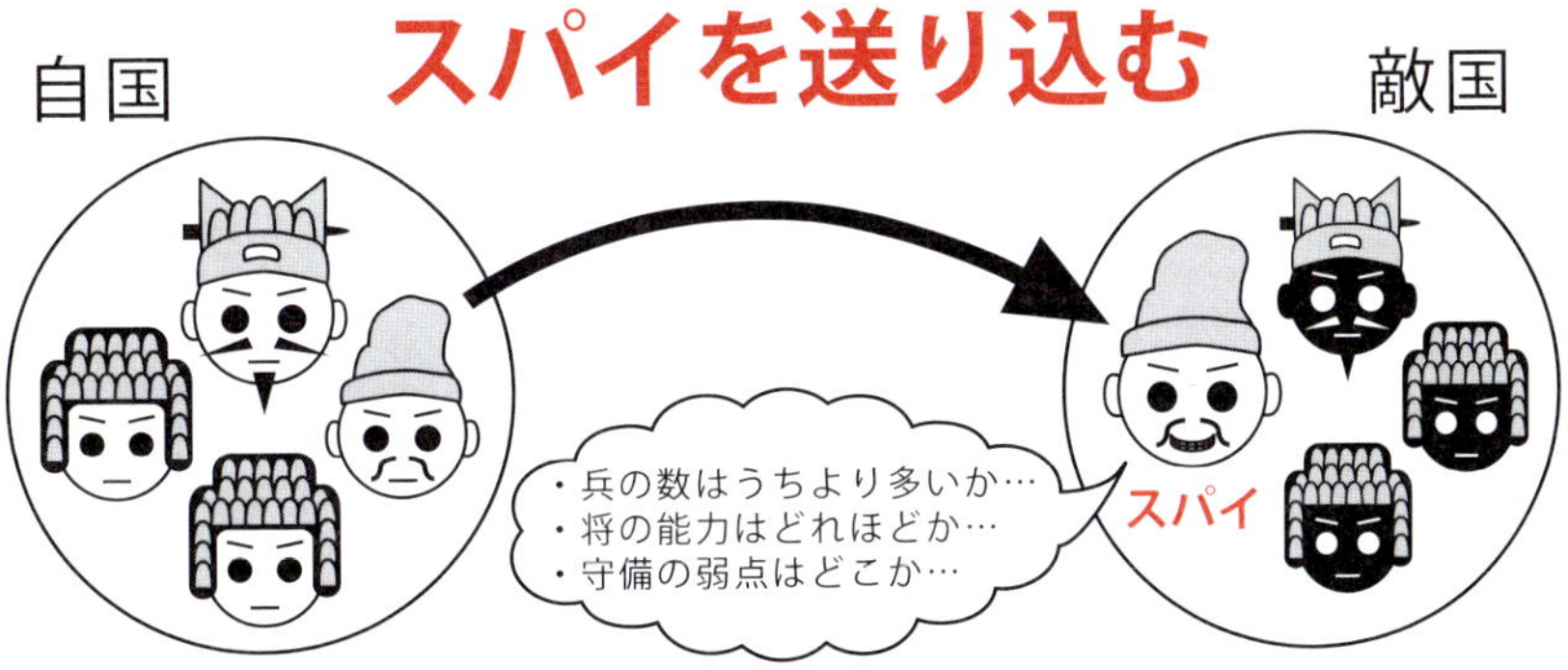
自国
敵国
・兵の数はうちより多いか…
・将の能力はどれほどか…
・守備の弱点はどこか…
スパイ

実践の前には手段を選ばず情報を得よ！

たりする。これは愚鈍なのではなく、具体的な数字を計算してリスクを直視することが恐ろしいのだ。

大事に臨んでは、絶対に感情的になってはいけない。先に情報を集めるところから始めるべきで、そこから最も合理的な判断を打ち出さなければならない。「人事を尽くして天命を待つ」の言葉通り、神仏や運に頼るのは、全力を尽くした後でも遅くはない。

◆日本の情報戦

例えば、日露戦争（1904〜1905）で満州軍総参謀長を務め、日本を奇跡的な勝利に導いた児玉源太郎は綿密な情報収集の結果、**開戦前に勝算が五分五分だと判断し**、これを六分まで引き上げるために努力しながら、外交で、できるだけ早期に戦争を終結させる方法を考えた。

さらに、日本軍は明石元二郎大佐をスパイとしてロシア帝国に潜入させ、なんと国家予算の230分の1を任せて、さらなる情報収集活動を行わせたのである。

この頃の日本は今とは比べ物にならない小国だったから、敗戦は許されなかった。金を惜しんで敗れるわけにはいかないから、莫大な予算を情報戦に費やしたのである。

もう1つの戦い
情報戦
その2

仁義なき情報戦

スパイの種類と使い方

超訳

スパイには5種類ある。
1・郷間《きょうかん》……敵国の一般人をスパイに使う
2・内間《ないかん》……敵国の役人をスパイに使う
3・反間《はんかん》……敵国のスパイを味方にして二重スパイにする
4・死間《しかん》……嘘の情報を与えたスパイを敵に捕らえさせる
5・生間《せいかん》……敵国の情報を探り、生還の後、情報を得る

将はスパイと親しくし、恩賞も厚くしなければならない。

そして運用は密かに行わなければならない。

人を見通す知恵がない人はスパイを使うことができない。

仁義がない人もスパイを使うことができない。

かすかな糸口から敵の強み、弱点を把握する能力がない人は、スパイから真の情報を得ることができない。**【用間篇】**

スパイも色々

私たちは「スパイ」というと、『007』のように自国の人間を敵国に送って情報活動をさせることだと思うが、実際に役に立つのは、何といっても敵国の現地人である。

スパイの目的は何かといえば、敵を知ることである。普通に考えれば、敵のことを最も良く知っているのは敵自身である。また外国人が色々と嗅ぎ回っていれば、すぐに怪しまれるが現地人であれば見逃されることが多い。

『孫子』が説く5つのスパイのタイプを見ても、「生間」「死間」は自国民だが、「郷間」「内間」「反間」の3つは敵国民である。

この中でも、敵の機密情報に精通している内間と反間は、貴重な存在だ。特に、**敵国の情報機関の首脳部を味方に引き入れる**ことができれば、内間と反間のメリットを同時に持っている最強のスパイとなる。

POINT

自国から派遣するスパイだけがスパイではない。敵国の一般人、役人、高官全てがスパイになりうるのである。

スパイは5種類もある！

自国民　　敵国民

仲間のためにがんばるぞ！
いひひ…
得するほうにつくだけだ！

生間（せいかん）
一般的なイメージのスパイ
自国に生還し、情報を持ち帰る

死間（しかん）
嘘の情報を与えたスパイ
わざと敵に捕らえさせて
誤った情報を流布させる

郷間（きょうかん）
敵国の一般人をスパイにする

内間（ないかん）
敵国の役人をスパイにする

反間（はんかん）
敵国のスパイを懐柔する

スパイを制する者が情報を制する

◆デニス・ドナルドソン

北アイルランドのデニス・ドナルドソンがその良い事例である。彼は英国からの独立を訴えるシン・フェイン党の議会事務局長で、アイルランド共和軍（IRA）の活動家でもある。だが、彼は2005年「**私は過去20年間、英国のスパイとして活動した**」と告白した。

その後、彼はRIRA（IRAの分派）により殺害された。英国はドナルドソンを使って北アイルランドの独立を目指す人々を多数殺害したというから、その復讐だったのである。

敵国人を味方のスパイに使うことができる**理由は簡単で、お金である。**世界のほとんどの人は理念よりもお金を好むのである。

特に英国と北アイルランドのような小国が戦う場合、経済力で優位に立つ国は、敵国の幹部をお金で買収することができるから、ずっと有利である。

経済力の差は、ただハイテク武器を作る能力だけではなく、スパイを使える能力の差でもある。貧乏な側は、武器と兵力のハンディキャップだけではなく、内部の敵と戦わなければならないのだ。

もう1つの戦い 情報戦 その3

相手のヒントを見逃すな

敵の動きを見通す技術

超訳

遠くの敵がたびたび挑発してくるのは、こちらの進撃を望んでいるのである。風もないのに多くの樹木がざわめくのは、敵の気配を表している。鳥の群れが突如飛び立てば、そこには伏兵がいるのだ。ほこりが高く立ち上っているのは、戦車の進撃を示しており、低く立ち上っているのは歩兵の進撃を示している。随所から立ち上っているのは、薪を採っているのである。わずかなほこりが、あちこち動いているのは、敵が陣営を作って駐屯しようとしているのである。このように敵のわずかな動きから、その意図を察することができるのである。

【行軍篇】

◆僅かなヒント

アクション映画を観ていると、密かに敵の基地に潜入した主人公がうっかり物音をたてて、敵がそちらに注意を向ける場面がよく見られる。

敵は鋭い視線を投げかけるものの「気のせいか……」と呟いて去っていく。主人公は安堵の溜息をついて自分の目的を達成する――**我々は、この敵のようであってはいけない。**

小さなヒントから敵の動きを見通す観察眼は、勝利する人には欠かせない資質なのである。

平安時代には「八幡太郎」こと源義家が、『孫子』のまさにこのくだりを参考にして敵を破っている。

後三年の役《ごさんねん》（1083）で清原家衡・武衡と戦った時のことだ。

義家が行軍している時、空を見上げると、通常なら連なって飛んでいる雁が乱れて飛

POINT

どんな用心深い敵も、動く時に僅かな痕跡を残すものである。それを見逃さず意図を察することで敵の動きが読めるのだ。

小さなヒントから敵の動きを読め！

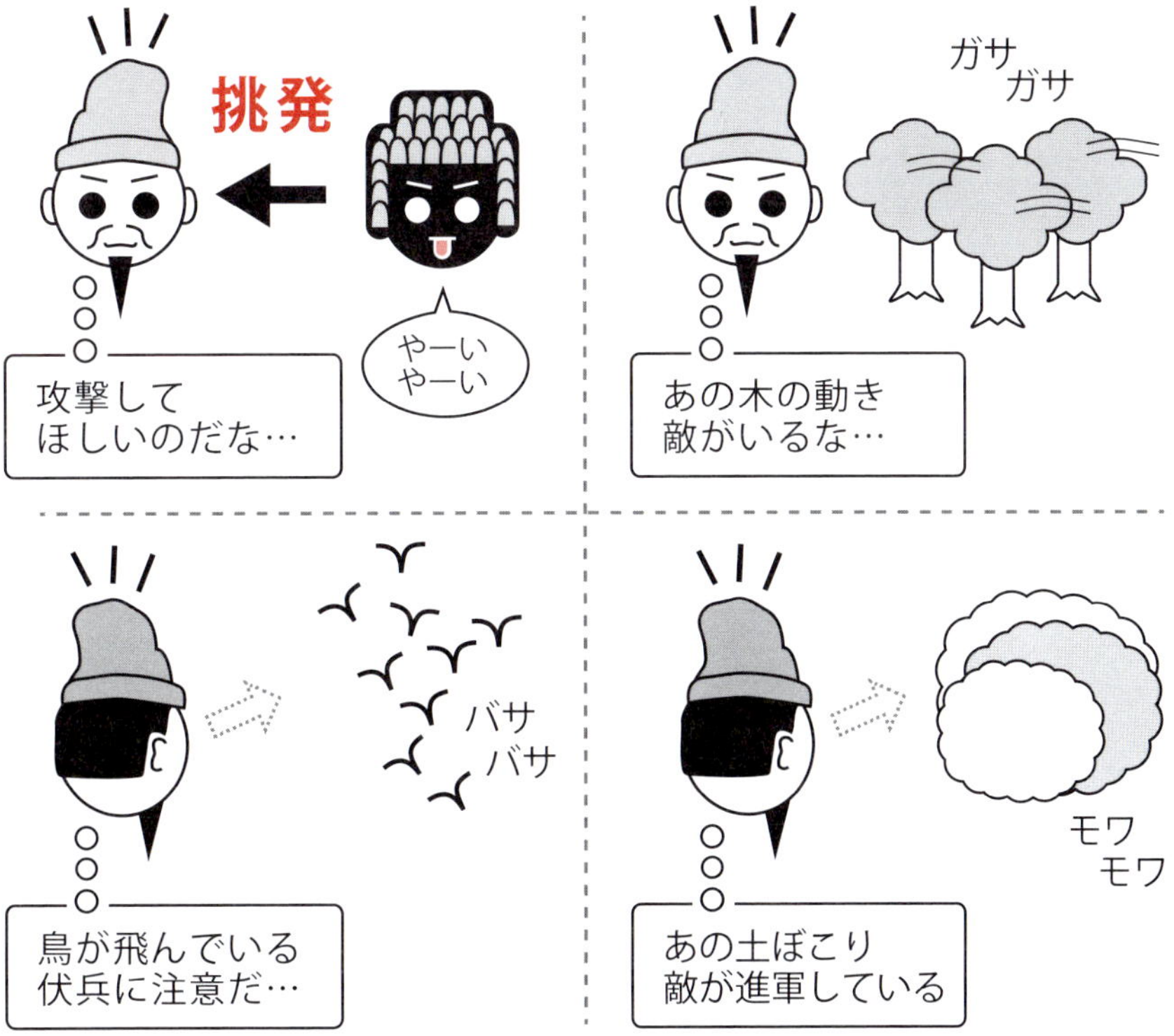
挑発
やーい
やーい
攻撃して
ほしいのだな…
ガサ
ガサ
あの木の動き
敵がいるな…
バサ
バサ
鳥が飛んでいる
伏兵に注意だ…
モワ
モワ
あの土ぼこり
敵が進軍している

敵が動き出す時には必ず兆候がある
それを見逃してはならない！

んでいた。

それを見た義家は『孫子』を思い出し、伏兵の存在を察知し、そしてこれを殲滅したというのである。

◆司馬懿の慧眼

中国の三国時代、諸葛亮孔明のライバルとして立ちはだかったのが魏の臣・司馬懿《しばい》だ。知名度こそ孔明に劣るが、最後の最後で勝利したのは彼の方である。

彼は、蜀の兵士から「諸葛亮の食事は少量で、朝は早起きして、夜は夜中までかかって全ての仕事を自ら処理する」ということを聞いて、孔明の健康状態が悪いことを直感する。

そして、司馬懿は長期戦を仕掛け、結果的に彼の息子が蜀漢を滅亡させた。

このように、小さなヒントから全体を把握する能力が、戦略家には不可欠なのである。

獲物を追いかけるハンターも、動物が残した糞から栄養状態を読み取り、足跡の方向やその乱れから考えを見抜く。そうして先回りして仕留めるのである。

相手が見せる**小さなヒントは貴重な情報であることが多い**から、無視してはいけない。

もう1つの戦い 情報戦 その4

組織内のコミュニケーションを活発化させる

兵たちの動きを一致させよ

超訳

戦場では口で命令しても聞こえないから、太鼓や鐘の鳴り物を使う。
また、遠くで戦う兵のためには、旗を使って信号を送る。
同様に昼間の戦には旗を使い、
夜間には鐘や鳴り物を使うのである。
兵たちの動きが統一されていれば、勇ましい兵が勝手に進撃することはないし、臆病な兵が勝手に退却することもない。乱れた戦場でも味方は混乱せず、前後も分からないような混沌とした戦場でも打ち破られることはない。
動きが統一されることで全軍の士気と心も一致して、敵を圧倒することができるのである。

【軍争篇】

◆大軍を動かす

この項は大軍を指揮する方法を説いている。

統率が下手な軍は、本文の表現を借りれば「勇ましい兵は勝手に進撃し、臆病な兵は勝手に退却する」。これはシステムではなく、個人の感情によって動く組織の描写である。

個人の感情に左右される軍は、皆がひとつのミッションのために動きを一にする軍に、絶対に勝てない。

江戸時代のはじめ1637年、長崎県の島原で日本史上最大の農民一揆が勃発した。当初、この鎮圧には幕府から板倉重昌という高官が派遣された。

彼が率いるのは細川・鍋島家といった戦国時代から名の通った九州の大大名の軍勢であったが、農民相手にまるで歯が立たず、ついには板倉は戦死してしまう。

板倉は大名としては諸将より格下であったため、彼らを動かし統制することができ

POINT

声が届かないなら旗を使って、旗が見えないのであれば鳴り物を使って兵とコミュニケーションを図るのである。

戦場でのコミュニケーション

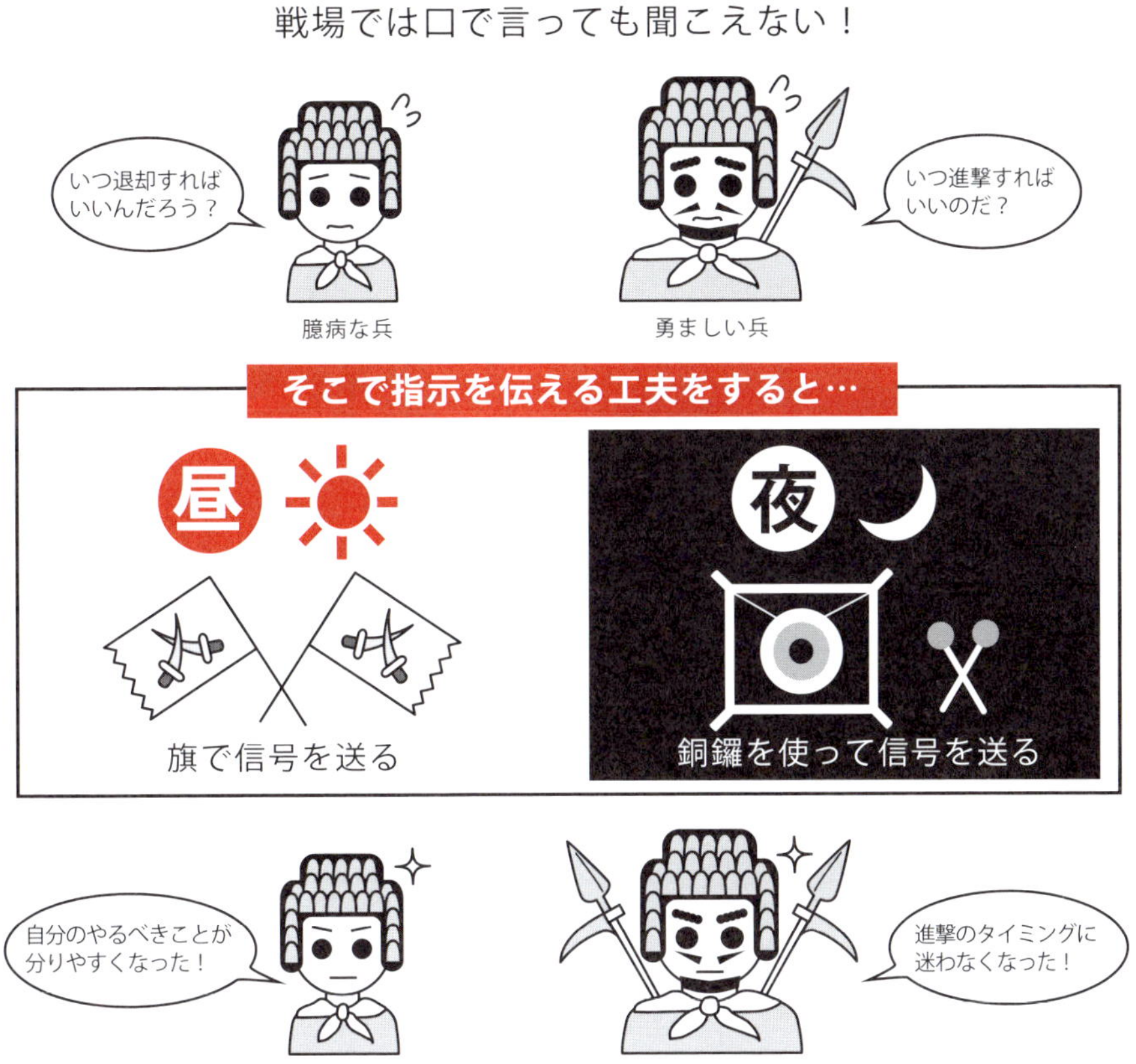

戦場では口で言っても聞こえない！
いつ退却すればいいんだろう？
臆病な兵
いつ進撃すればいいのだ？
勇ましい兵
そこで指示を伝える工夫をすると…
昼
旗で信号を送る
夜
銅鑼を使って信号を送る
自分のやるべきことが分りやすくなった！
進撃のタイミングに迷わなくなった！

組織の意識を統合する工夫をすることが大切

なかったのである。**ひとつの意志で結集した農民が、統制の取れない大大名たちを破った**のだ。

つまり、将軍の命令が数万の兵一人ひとりに至るまで正確に伝達され、動きを一致させることのできる軍が、強いと言えるのだ。

◆騎馬民族の例

では、どうすれば数万を超える人間を、ひとりの意志で動かすことができるのか？

匈奴、金、元、清などの中国の巨大帝国は、軍を階層で分割する方法を使った。皇帝の命令が、階層の下に次々伝達され、全体の軍を意のままに動かす方法だった。だが、階層組織だけで巨大な組織を統率することはできない。問題は、階層間のコミュニケーションである。

中国の歴史を見ると、小規模だった遊牧民が成長して巨大帝国になった事例が少なくない。その理由は、遊牧民は狩りをしながら、常に旗などで**お互いのコミュニケーションを訓練する**からである。会社でも同じく、仕事をしながら常にお互いのコミュニケーションを訓練するべきだ。そうすれば、あなたの組織も中国の遊牧民のように巨大帝国に成長するかもしれない。

もう1つの戦い 情報戦 その5

あえて与える情報を制限する
部下を仕事に集中させる方法

超訳

将たる者は軍を冷静に、厳正に統率しなければならない。兵たちを巧くごまかして、作戦の詳細を知らせず、その内容を絶えず更新していく。駐屯地を変えたり、行軍路を変更して迂回する時も、兵たちには秘密とする。いざ任務を与える時には、兵を高いところに登らせて梯子を取り去るように、余計なことを考えさせない。放たれた矢のように、帰ることも止まることも許されないようにする。兵たちは言われるがままに進撃し、戦わされ、どこに行くのかも知らされない。こうやって全軍を危機に追いやって、必死に戦うようにするのが将の仕事なのである。

【九地篇】

◆組織の情報管理

部下に、**必要以上に作戦の内容を明かしてはいけない**ということである。

ジョージ・ルーカス監督は『スター・ウォーズ エピソードV帝国の逆襲』を作る時、ダース・ベイダーがルーク・スカイウォーカーに語る「私がお前の父親だ」という有名な台詞を、制作陣に徹底して秘密にした。シナリオには違う台詞が書かれており、撮影が終わった後にベイダーの声をダビングする時まで、それを知っていたのは監督ひとりだけだったという。全ては公開前の情報流出を恐れてのことであった。

米アップルもリークを極度に嫌うことで知られ、新製品を作っている時は個々の職員たちは**自分たちが作っている物が何に使われるのか分からない**場合すらあるという。製品が完成してから、「あっ、私が作っていたのはiPhoneの機能だったのか」

POINT

最低限の情報しか教えないことは、組織の利益になるだけではなく、個人が自分の仕事に集中する手助けになり得る。

秘密は人の口から漏れるもの

こんな人いませんか……？

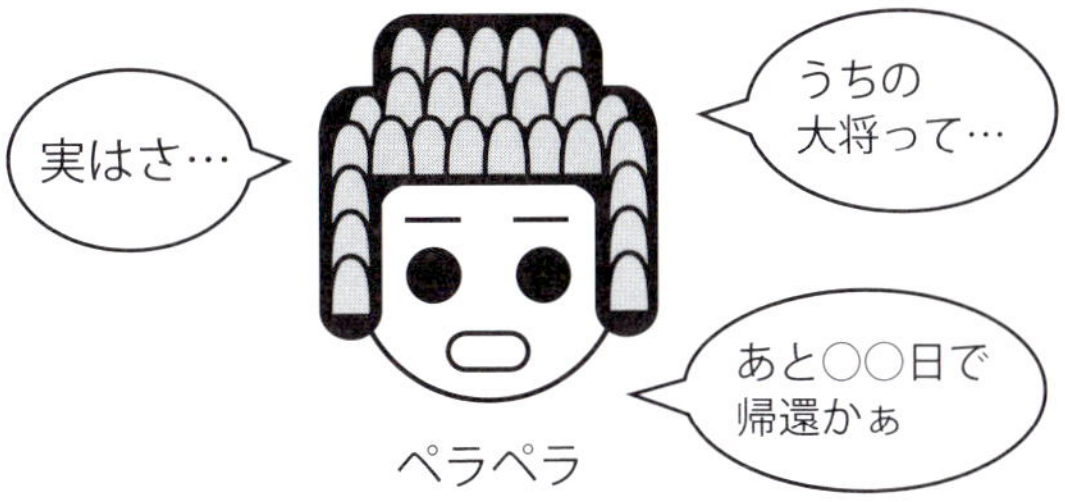
実はさ…
うちの大将って…
あと○○日で帰還かぁ
ペラペラ

これでは危険！

必要最低限の明確な指示のみを与える

キリッ
自分のやるべきことをきちんとやるだけ！

余計なことを考えないから秘密が守られるだけでなく統制もとれるようになる

外部に対してだけではなく内部への情報開示にも気をつけよ

となるという。

こうした徹底した情報管理はリーダーだけではなく、結局は組織の利益に繋がる。映画のストーリーや最新の通信機器のスペックなどは、いきなり発表した方が話題を呼ぶし、任せられる部下にとっても、余計な情報がない方が仕事に集中できることもあるはずだ。

◆情報は味方から漏れる

作戦の計画が敵にバレるのは、**ほとんどが味方の兵の口から**である。

今日の会社でも、ライバル会社の友達とチャットサービスで話している不届き者が見られる。筆者は、自社の機密情報を競争会社の友達にペラペラとしゃべる人を見たことがある。

彼は幹部だったが、自分のポジションに何の責任感も持っていない人だった。そういった人物は表面上は味方でも、実は会社にとっては敵であり、危険な存在である。

どんな会社でも、そんな社員が組織内にいないと断言することはできない。

情報化社会とはいっても、本当に重要な機密は、必要最低限の人にしか漏らしてはいけないのだ。

もう1つの戦い
情報戦
その6

戦争はモラル無用の化かし合い

戦の基本はトリックである

超訳

戦いとは、敵を騙すことである。
強くても弱いフリをし、策があってもないフリを、
敵が近くにいる時は遠くにいるフリを、
遠くにいる時は近くにいるフリをすべきだ。
敵が利益を求めている時は誘い出し、
混乱していると見れば、敵陣を奪う。
敵の備えが充実しているならば防御し、
強い時はこれを避ける。
敵が怒っていれば、さらに心を乱し、
こちらを舐めているようなら、さらに油断させる。
敵が休もうとすれば疲れさせる。
敵が団結している時は、仲違いを起こさせる。

【計篇】

◆兵は詭道なり

『孫子』は、**トリックの重要性**を何度も強調する。

本文の「戦いとは、敵を騙すことである」の原文は「兵者詭道也」であるが、このくだりを「戦争の本質は終始、敵を騙すことにある」と解釈することも多い。

トリックに巧みな将軍としては、第二次大戦を戦ったドイツのロンメル将軍がいる。彼は、本国からの戦車の補給が滞り、戦力が不足した時、たくさんのフォルクスワーゲンを板とペンキで戦車に偽装して敵に奇襲をかけたことがある。早朝、砂塵を巻き上げて襲ってくる戦車の大群を目撃した英国軍は、肝を潰して逃げてしまった。

日本の南北朝時代に、後醍醐天皇に付いて奮戦した楠木正成も偽装戦の達人だった。

千早城の戦い（１３３２）では兵に似せたカカシを使って敵を欺いたり、城の壁を二重にして、敵が登ってきたところで倒して

POINT
道義に沿わずとも、理に適っていれば良いのが戦争。あらゆる手段で敵をあざむき、勝利を引き寄せるのだ。

戦争の基本は騙し合いである

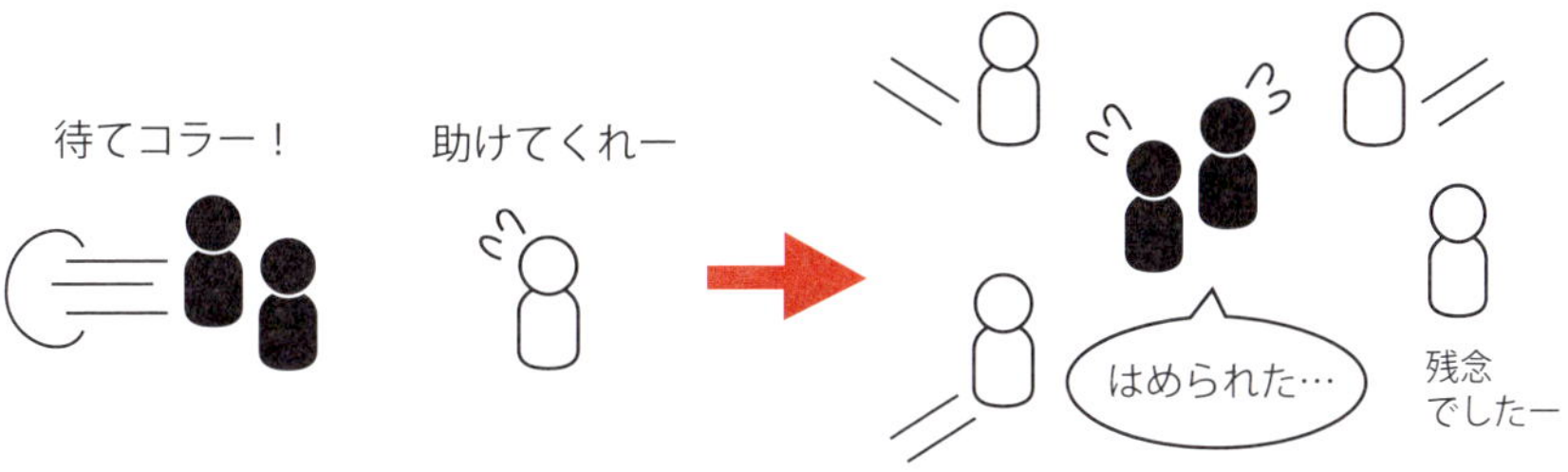
待てコラー！
助けてくれー
はめられた…
残念でしたー

自然界でも…

ムッ
エサだ！
ワナか…
ガバァ

兵法とは、生き残るための学問
モラルなどとは無縁と心得よ

みせるなどのゲリラ戦術を駆使して数万の幕府軍を敗北させた。

彼らは正々堂々とした戦いを仕掛けたわけではないが、ロンメルは「砂漠の狐」の通称で今尚称賛され、楠木正成に至っては**皇居外苑に銅像が建っている。**

◆偽装は生存の本質

私たちは幼い頃から「嘘は悪い」「人を騙すのはよくない」と教育される。

だが、兵法と一般のモラルは関係がない。道徳的には正しくても、戦略的には理に適っていない場合がたくさんあるのである。

自然界でも、多くの動物と昆虫たちが保護色というトリックで敵を欺いて、獲物を捕食している。クモは糸で、蟻地獄は穴で獲物を騙す。アンコウは、獲物を誘惑するための餌の形をした触手を備えている。トリックのためだけに、身体の一部が存在しているのだ。

極端に言って、自然界に生存のためにトリックを使わない生物は存在しない。トリックは、戦争の本質というより、生物の生存の本質であるかも知れない。生存の手段について**「これは良い」「これは悪い」**と**簡単に言うことはできない**のである。

【著者】

許 成準（ホ・ソンジュン）

2000年KAIST（国立韓国科学技術院）大学院卒（工学修士）。
ゲーム製作、VRシステム製作、インスタレーションアートなど、
様々なプロジェクトの経験から、組織作り・リーダーシップを
研究するようになり、ビジネス・リーダーシップ関連の著作を多数執筆。
主な著書に『ヒトラーの大衆扇動術』『超訳 孫子の兵法』『超訳 君主論—マキャベリに学ぶ帝王学—』『超訳 論語—孔子に学ぶ処世術—』（全て小社刊）
などがある。

【図解】超訳 孫子の兵法

平成24年6月20日第一刷

著　者　　許 成準

発行人　　山田有司

発行所　　株式会社　彩図社
東京都豊島区南大塚3-29-9
中野ビル　〒170-0005
TEL：03-5985-8213　FAX：03-5985-8224
郵便振替　00100-9-722068

印刷所　　新灯印刷株式会社

URL：http://www.saiz.co.jp
http://saiz.co.jp/k（携帯）→

ISBN978-4-88392-861-3 C0030

※本書は、『超訳 孫子の兵法』をもとに図式化したものです。